«Hay futuros inimaginables que podrían hacerse realidad. Deja tus miedos de lado, sumérgete en *Tierra* y sigue su **imprescindible** estrategia. Tamsin nos hace llegar el mensaje de la emergencia climática y ecológica de forma implacable y con un útil conjunto de herramientas para aquellas personas ansiosas por reducir su huella en la tierra. Además, la experiencia personal y la narración de Tamsin lo convierten en mucho más que una simple guía. No tengo duda de que recurriré de manera instintiva a los consejos que Tamsin nos proporciona sobre cómo crear un futuro más allá de los límites de nuestra imaginación.»

Dra. Achala C. Abeysinghe, representante de Papúa Nueva Guinea, Global Green Growth Institute

«Es muy fácil sentirse impotente ante la emergencia climática y ecológica, pero este libro es un verdadero despertar, un grito de guerra. Nunca antes ha habido tanto en juego. *Tierra* hace que nos volvamos a enamorar de nuestro planeta. Les insto a que encuentren tiempo para leerlo; no se arrepentirán.»

Alice Aedy, fotógrafa y cofundadora de Earthrise Studio

«Tamsin comparte con nosotros historias sobre su experiencia como organizadora que nos inspiran y animan a mantener la esperanza, y nos recuerda con delicadeza que la reconexión con la tierra nos permite aprender como individuos y comunidad. Nos aporta herramientas esenciales para resistir el fatalismo que nos invade a tantos de nosotros en nuestra vida diaria.»

Amina Gichinga, coordinadora de London Renters Union y The Nawi Collective

«Apasionada, cautivadora, visionaria pero eminentemente práctica, esta es una poderosa guía para activarnos en la urgente tarea de sanar tanto a la tierra como a nosotros mismos, escrita por una de las activistas más respetadas y creativas del país.»

Caroline Lucas, diputada por Brighton Pavilion

«Un precioso manual que conecta al lector con su activista interior de manera visceral; revela el conocimiento, la inspiración y las herramientas prácticas que nos ayudarán en la transición de nuestra sociedad hacia un futuro mejor. Hay amor en las palabras de este libro. Un espíritu guerrero repleto de la magia de nuestro hogar común y de los regalos que nos esperan si invertimos un poco de tiempo en construir una relación entre nosotros y la tierra.»
Arizona Muse, modelo y activista

«El de Tamsin es un viaje de bella prosa desde la desesperación por el cambio climático hasta la curación de nuestros mundos interiores y exteriores como si de uno solo (porque así es) se tratara, en el que la autora nos toma de la mano con cariño y nos invita a unirnos al camino colectivo. Un testimonio de la mente y un canto del corazón.»
Christiana Figueres, exsecretaria ejecutiva de la Convención Marco de las Naciones Unidas sobre el Cambio Climático y artífice del Acuerdo de París

«Tamsin explica al lector lo que nos espera a los humanos en los próximos años, ofreciendo conocimientos y consejos para que podamos tomar las medidas adecuadas. Espero que este libro sea el comienzo de un camino con amigos que aún no conocemos, de manera que podamos encontrar la fuerza que reside en nosotros y luchar juntos por todas las formas de vida.»
Clare Farrell, cofundadora de Extinction Rebellion

«Al leer el libro de Tamsin sentía como si alguien estuviera sosteniendo mi corazón y dándole calor. Es una excelente hoja de ruta para ayudar a curarnos a nosotros mismos y a nuestro planeta; un libro lleno de geniales análisis y consejos para salvar la tierra. Léelo ya.»
Daisy Lowe, modelo

«El libro de Tamsin es cálido, compasivo, valiente, práctico y está lleno de amor y vida. No es solo un manual para el activismo, sino también una forma de vivir. La sabiduría y los conocimientos de Tamsin en asuntos prácticos tales como estructurar reuniones y fomentar la comunidad son geniales y podrían servir de guía para organizaciones de vanguardia aquí y ahora.»
Ed O'Brien, Radiohead

«Muchos de nosotros pasaremos el resto de nuestras vidas trabajando para crear un futuro justo y habitable. Este excelente libro funciona como una guía de la cual nutrirnos para los tiempos en los que vivimos. Fácil de leer y, aun así, de una hermosa profundidad y claridad.»
Fay Milton, músico (Savages) y cofundador de Music Declares Emergency

«Un análisis sincero y firme sobre dónde estamos ahora y hacia dónde tenemos que ir. Refleja perfectamente el enfoque activista de Tamsin, defendiendo el amor, la esperanza, el optimismo y la resiliencia, al tiempo que proporciona un plan práctico sobre cómo avanzar. Si lees un libro sobre cambio climático este año, asegúrate de que sea este.»
Jack Harries, cofundador de Earthrise Studio

«Un libro-guía de una brillante activista medioambiental que delicadamente lleva al lector a emprender un importante viaje. Junto a Tamsin descubrimos los problemas a los que se enfrenta nuestro planeta, por qué debemos preocuparnos y qué podemos hacer para preservar la tierra, abandonando las prácticas que la están dañando.»
Baronesa Jones de Moulsecoomb

Para buscadores, soñadores
y hacedores; para todos los que
conocen la paz en la naturaleza.

Tamsin Omond

Tierra

Estrategias sanadoras para la humanidad

© Ediciones Kôan, s.l., 2021
c/ Mar Tirrena, 5, 08912 Badalona
www.koanlibros.com • info@koanlibros.com

Título original: *Do Earth*
© The Do Book Company 2021
Works in Progress Publishing Ltd

Texto © Tamsin Omond 2021
Traducción © Eva Dallo 2021
Fotografía:
© Alice Aedy 2021
p. 12 © Jim Marsden
p. 17 © Adam Murphy/Alamy Stock Photo
p. 72 y p. 96 © Tamsin Omond
p. 93 © Miranda West
p. 128 © Moana Ghiandoni

ISBN: 978-84-18223-44-0 • Depósito legal: B-19202-2021
Diseño de cubierta: James Victore
Diseño del libro: Ratiotype
Maquetación: Cuqui Puig
Impresión y encuadernación: Liberdúplex
Impreso en España / *Printed in Spain*

1ª edición, febrero de 2022

Contenido

Los sueños y la realidad son
cosas opuestas.
La acción los sintetiza.

—

Assata Shakur

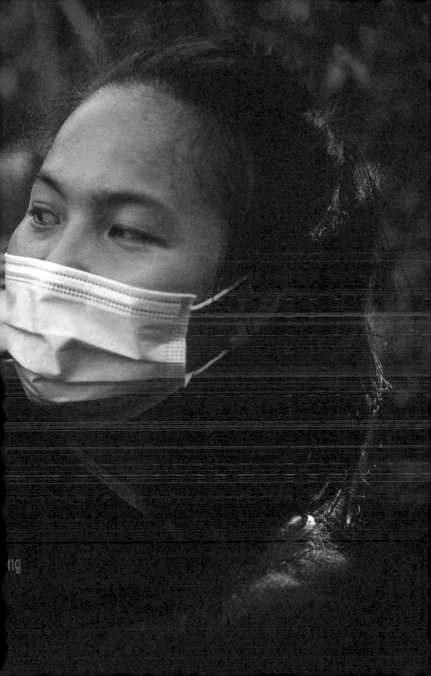

Prólogo

De la campiña galesa a irrumpir en el Parlamento

Las Do Lectures, en las que se inspiran estos Do Books, comenzaron en 2008 en una granja en la campiña galesa. Fui invitada a impartir una conferencia en la primera de ellas. Hacía un año que había acabado la universidad, trabajaba para Greenpeace y ayudaba a organizar el activismo medioambiental de base. La de «Do» fue mi primera invitación para hablar sobre una gran idea. Hasta entonces, solo había disertado en público sobre la estrategia de medios en acampadas de protesta o sobre el cambio climático en reuniones con comunidades cerca del aeropuerto de Heathrow.

Llegué a las primeras charlas Do en tren, desde la estación de Paddington. Sentada junto a la ventana, me acomodé en la piel gris y el acolchado verde que constituían la decoración del tren de Great Western Railways. Dado que nunca antes se había celebrado un evento de Do Lectures, no sabía qué esperar. Pero cuando el convoy se puso en marcha y salió de la estación, mi imaginación echó a volar bajo el simpático influjo de Paddington Bear, la sensación de evasión que proporciona el tren y la comprensión, conforme echaba un vistazo al resto del vagón, de que este era el comienzo de una aventura.

En tres oportunidades hice cambio de tren, y, en las cada vez más lejanas estaciones, una mujer que desde que salimos de Londres estaba sentada cerca de mí, corría junto a mí para atrapar el tren de conexión. Las dos nos habíamos pasado el viaje escribiendo en nuestros cuadernos de notas con los auriculares puestos, pero durante la última de nuestras cinco horas de trayecto la miré a los ojos y le sonreí. Nuestras sonrisas nos pillaron a las dos por sorpresa. Le pregunté a dónde iba y descubrí que ambas éramos invitadas de las Do Lectures. Yo iba a hablar sobre cómo la acción directa no violenta —como las infracciones de la ley por parte de las *suffragettes*— puede acelerar los movimientos de cambio social, y ella a escribir sobre las conferencias en su columna para el *Sunday Times*.

Al bajar del tren nos esperaba un hombre en una minivan. Fuimos las últimas en unirnos a un grupo de desconcertados en diferente grado; personas que habían cruzado el país para encontrarse fuera de esta estación de tren enclavada entre colinas galesas. Los otros conferenciantes eran hombres con gafas, forros polares y bolsas de lona. Metimos nuestro equipaje en la parte trasera de la camioneta y nos apretujamos dentro. A continuación recorrimos carreteras de una sola vía a toda velocidad. Dábamos respingos conforme la camioneta alcanzaba la cima de una colina y salía disparada cuesta abajo. El verano se estaba acabando; la luz se apagaba lentamente y teñía el paisaje de oro. Cuando llegamos, nos llevaron a unas tiendas de campaña y nos dijeron que nos preparáramos para la cena.

Entré en la sala donde íbamos a comer y vi gente adulta, todos a gusto con sus logros. Lo único reseñable que había hecho yo era acabar arrestada por desplegar pancartas en protesta contra la tercera pista del aeropuerto de Heathrow desde el tejado del Parlamento. No conocía a nadie y no me sentía nada cómoda.

Amelia Gregory, a quien había visto en acción llamando a *ceilidhs* —un encuentro social con danzas tradicionales—

en el ayuntamiento de Finsbury, me saludó. Era la directora de *Amelia's Magazine* y nos habíamos visto un par de veces en las protestas que cubría en su blog. Me hizo sitio en su banco y me apretujé junto a ella.

«¡Estás en el programa! ¿De qué vas a hablar?»

El 13 de octubre de 1908, miles de sufragistas se reunieron en la Plaza del Parlamento. Unas cuantas consiguieron atravesar las líneas policiales y corrieron hacia el Parlamento. Ninguna logró entrar, pero la violencia de la respuesta policial y el acto de desobediencia que protagonizaron llevaron la causa sufragista a las portadas de los periódicos. Se me había ocurrido celebrar el centenario de la «Avalancha Sufragista» organizando algo que yo había bautizado como Avalancha del Clima.

«Será un poco como la avalancha sufragista, pero sobre el cambio climático.» «Entonces todo el mundo debería ir disfrazado de sufragista», dijo Amelia.

Ben y Dan, hermanos, estaban escuchando. Iban a hacer una película sobre las Do Lectures.

«¿*Intentaríais* que os arrestaran?» No parecían demasiado convencidos.

«Acciones de protesta controvertidas hacen que el cambio climático resulte menos académico. Así la gente escribe sobre ello. Se sienten provocados a nivel emocional y piensan en lo que está sucediendo, hablan de ello con sus amigos. Opinan al respecto».

John Grant, el gurú de la publicidad verde, que comía en silencio, levantó la vista. «De eso es de lo que deberías hablar en tu conferencia.»

Cuatro meses después, el 14 de octubre de 2008, salía de los juzgados de Horseferry Road después de pasar una noche en el calabozo. Fuera me esperaban los hermanos que habían estado filmando las Do Lectures y que documentaban ahora la historia de la organización Climate Rush.

Amelia también estaba. Habíamos trabajado juntos cada día desde las Do Lectures. Su idea de que todos nos vistiéramos de sufragistas fue la base de la fundación de Climate Rush que atrapó la imaginación de los creativos. Me pasó un recorte del *Sunday Times*. Había una foto en la que aparecíamos corriendo al Parlamento vestidas de sufragistas. Jessie, la periodista que había conocido en el tren, había escrito sobre nosotros.

Apenas unos meses después de compartir la idea del evento, habíamos conseguido formar un grupo. Congregamos a una multitud de más de mil personas.

Liderados por Caroline Lucas (ahora diputada del Partido Verde por Brighton Pavilion), atravesamos las líneas policiales y nos lanzamos hacia el Parlamento. Esa misma noche rodeamos el Palacio de Westminster, obligando a los parlamentarios a permanecer en la cámara principal y escuchar los cánticos de «Acción Climática Ya».

Recordar cómo comenzó la Avalancha del Clima me ha dado fuerzas para continuar mi viaje. Si se hubiera quedado en una mera idea en mi cabeza, no hubiera tenido ningún efecto. Se convirtió en algo tangible y poderoso cuando otras personas decidieron involucrarse. En ese momento, superó con creces cualquier cosa que yo hubiera podido hacer sola. Recordarlo me aporta una enseñanza que todavía hoy sigo interiorizando. No podemos hacer nada solos, son las alianzas que creamos y las formas de trabajar juntos que encontramos lo que cambia el mundo, y a nosotros mismos.

No tienes que ser perfecto para preocuparte por la tierra

Solo tienes que dejar que ese tierno animal que es tu cuerpo ame lo que ama.

—

Mary Oliver, «Gansos salvajes»

Este libro habla de aprender de la naturaleza. De abandonar las prácticas que dañan nuestro planeta y decidir de forma diferente en relación a nuestras vidas. Escribirlo ha sido una celebración de toda la magia que existe más allá de la puerta de mi casa y de las personas cuyas formas de vida enriquecen la mía. Antes de comenzar, quiero ensalzar la sabiduría de esos pueblos indígenas que nos brindan un planeta que está vivo y es sagrado. De lo que trata este libro es de cómo empezar a aprender desde su perspectiva.

Soy una persona blanca no binaria de una familia acomodada, que siempre ha vivido en Londres. Acabé la universidad sin saber lo que quería hacer. La crisis financiera de 2008 acababa de ocurrir y la promesa de «más» con la que había crecido parecía tambalearse.

Cuando oí que, a pesar del cambio climático, el gobierno pensaba expandir el aeropuerto de Heathrow, la mayor fuente de gases invernadero en el Reino Unido, me vi impelida a hacer algo. Preparé la mochila y cogí mi tienda de campaña para unirme a un campamento de activistas medioambientales que estaban ocupando el terreno en el que el aeropuerto pretendía expandirse, justo al lado de la valla perimetral de Heathrow.

Me asustaba la ciencia del cambio climático. Como persona homosexual que disfruta de la libertad y el orgullo, tenía miedo de cómo se trataría a las personas LGBT en el mundo de la crisis climática, y me asustaban aquellas lecciones de la historia que nos dicen que cuando golpean los desastres naturales, las guerras por los recursos o las dificultades económicas, las comunidades marginadas, vulnerables u oprimidas se convierten en chivos expiatorios. Me preocupaba lo que sucedería con los derechos humanos —frágiles y recientes— en un mundo que se está preparando para un clima hostil.

No he dejado de preocuparme por ello, pero el miedo ya no es mi fuerza motriz. Aunque puede ser un poderoso incentivo, el pánico que genera el miedo es lo opuesto a la curación que necesitamos fomentar. Son unos cimientos poco sólidos para el activismo medioambiental.

No actué por amor a la naturaleza y no estaba interesada en aprender de los ciclos de la tierra. En su lugar, intentaba sin aliento ser la activista perfecta, implacable en mis esfuerzos por detener el cambio climático, poniendo el foco en las políticas y la infraestructura que provocaba grandes emisiones de efecto invernadero.

Una década de activismo

La década que siguió a la primera de las Do Lectures estuvo repleta de activismo. La Climate Rush no fue un único evento. Nos convertimos en un grupo que acaparó titulares en los medios y consiguió que la gente hablara sobre el cambio climático. Ocupamos la Terminal 1 de Heathrow y, extendiendo nuestras mantas, celebramos un pícnic eduardiano vestidos de sufragistas. Bloqueamos el puente de Westminster antes de que se convirtiera en protocolo de cualquier protesta y arrojamos estiércol de caballo a la entrada de la casa de Jeremy Clarkson.

Cuando se formó el gobierno de coalición y éste trató de vender los bosques públicos de Inglaterra, acorralé a Rachel

Johnson (la hermana menor de Boris) durante una elegante velada del *Evening Standard* y la convencí para crear una nueva organización conmigo.

Repasamos todos los contactos de su agenda y redactamos una carta con el encabezamiento «Salvemos los Bosques de Inglaterra» que firmaron Dame Judi Dench, Gillian Anderson, Tracy Emin y el arzobispo de Canterbury, entre otros.

El texto, que afirmaba que la privatización de los bosques de Inglaterra era «desmesurada», se convirtió en noticia de portada. Tres semanas después, el primer ministro David Cameron anunció que, finalmente, su gobierno no vendería los bosques.

Después, siempre en busca de infraestructuras emisoras de carbono a las que oponerme, decidí centrarme en las calles que rodean el Aeropuerto de la Ciudad de Londres. Cuando empezamos a llamar a las puertas de los vecinos de la zona para saber qué pensaban sobre la expansión del aeropuerto, enseguida nos dimos cuenta de que la contaminación y el ruido eran solo dos de las muchas dificultades a las que se enfrentaban.

Liderados por las madres de la zona, formamos un coro de niños llamado The Royal Docks Singstars. Mientras ellos cantaban, sus padres reunían firmas contra la expansión del aeropuerto que enviamos a todos los estamentos gubernamentales. Celebramos un TEDxNewham en The Crystal, el nuevo Ayuntamiento de Londres, donde rendimos homenaje a la resiliencia de una comunidad que cada día se despierta con los humos del combustible y el ruido de los aviones. Ethel Odiete, una de las madres que vive allí, preguntó por qué su comunidad —joven, pobre y negra— tenía que soportar la carga de vivir a la sombra de un aeropuerto al servicio de solo el 1 % de la población.

Tres décadas de retraso

He enfocado todo mi activismo a intentar influir en lo que hacemos en relación con la tierra. Gran parte de mi actividad se ha desarrollado en Londres, donde vivo, pero también he participado en el debate internacional sobre cómo la humanidad responde a la crisis climática.

Estos debates han tenido lugar cada año desde 1995. Son las llamadas COP, reuniones que se celebran anualmente bajo la Convención Marco de las Naciones Unidas sobre el Cambio Climático. COP es un acrónimo de «Conferencia de las Partes». Las «partes» son los representantes gubernamentales de todas las naciones del mundo. Las reuniones suelen celebrarse a lo largo de dos semanas en diciembre y su objetivo es crear legislación, planes y programas internacionales para hacer frente a la emergencia climática. Las COP anuales son el único proceso liderado por los gobiernos que la humanidad ha conseguido poner en marcha para lograr una respuesta conjunta de todo el planeta a la emergencia climática.

Todos los que se juegan algo en ella asisten a la COP. Junto con los representantes de 193 naciones y todos sus asesores, también existen ONG, organizaciones benéficas, líderes religiosos y una cantidad exagerada de delegados que representan a poderosas industrias contaminantes. Mientras las naciones debaten qué medidas estarían dispuestas a tomar, los multimillonarios intereses corporativos usan todo su poder para dirigir dichos debates. A medida que el diálogo se echa a perder en el centro de conferencias, decenas de miles de activistas se reúnen en el exterior para protestar contra un proceso internacional que ha tenido, hasta ahora, muy poco éxito.

He asistido a muchas COP desde 2009. Ese año la conferencia tuvo lugar en Copenhague y todos, incluido el presidente Obama, estaban allí. Mucha gente albergaba la esperanza de un acuerdo legalmente vinculante.

Las naciones pobres, que históricamente han contaminado muy poco y ahora están sufriendo los efectos del cambio climático, fueron excluidas de las conversaciones más importantes. La falta de un acuerdo dejó a todo el movimiento ecologista agotado y abatido. A mí, una activista novata que protestaba en voz alta fuera del centro de convenciones, la situación me creaba confusión. ¿Por qué nuestros líderes electos no podían reunirse más de una vez al año para resolver este problema?

Necesitamos a todo el mundo

Ha pasado más de una década desde mi primera COP. Durante este tiempo me he involucrado en muchas campañas medioambientales. Ha sido un viaje en el que siempre han estado presentes las mismas personas y las mismas voces. Ya sea Greenpeace, David Attenborough o Greta Thunberg, gran parte de la labor de sensibilización la ha llevado a cabo un grupo de personas relativamente pequeño (aunque impresionantemente ruidoso).

Su trabajo ha hecho que millones de personas prioricen el medio ambiente, lo cual —bien enfocado— ha llevado a campañas de éxito que han conseguido transformar políticas. Sin embargo, no podemos seguir permitiendo que un grupo tan pequeño de personas asuma toda nuestra responsabilidad medioambiental. Ellos no pueden cambiar la relación de todos y cada uno de nosotros con el planeta. Para transformar el impacto de la humanidad en la tierra es necesario que cada uno de nosotros haga algo diferente, así que, independientemente de dónde te encuentres y a qué te dediques, tienes un papel en esta gran transformación.

A medida que nos acercamos a esos límites planetarios que no deberían traspasarse —como el derretimiento del Ártico o la quema del Amazonas—, cambiar de rumbo requiere mucho más que la actividad de los medioambientalistas. Necesitamos a todo el mundo.

Conciencia de la tierra

Pasé la veintena asustada por el desastre climático, muy ocupada movilizándome. A los treinta y pocos años, estaba desgastada a causa de una vida poco equilibrada y con demasiado activismo. Frenar el cambio climático era mi misión. Cuando me di cuenta de que poner sobre mis espaldas todo esto era no solo imposible, sino también delirante, sentí que había fallado en lo único que daba sentido a mi vida. Desde entonces, he ido reconstruyéndome a mí misma poco a poco y, en el proceso, reevaluando mi relación con el activismo y con el planeta que tan desesperadamente he intentado «salvar».

Pensar que nosotros, que hemos causado tanto daño a la naturaleza, seremos quienes salvemos el planeta, es una idea bastante curiosa.[1] Es una idea que convierte el éxito o el fracaso humano en el centro de la historia, cuando seguramente aprenderíamos más si fuéramos más humildes y centráramos nuestra atención en la fuerza y la resistencia de la tierra. Nos hemos metido en este lío porque nos impusimos a la naturaleza, forzándola a satisfacer todos y cada uno de los deseos del consumidor. En lugar de cuidarla y respetarla, la hemos explotado hasta llegar a este punto de la crisis medioambiental.

Hemos presionado tanto a nuestro planeta como a nosotros mismos, ignorando los límites naturales. En lugar de aprender de la tierra cómo descansar, sanar y regenerarnos, aplaudimos una humanidad separada y en dominio de la naturaleza. Quiero desprenderme de una visión así de arro-

---

1   El conjunto de los países desarrollados es responsable del 92 % de todas las emisiones de CO_2. Desde 1850 hemos creado y promovido con fervor esta forma de vida como el único modelo viable para el desarrollo.

gante del mundo. Quiero dejar de intentar controlar al mundo natural y también a otros humanos. Luchar contra las malas políticas es parte de una nueva historia que está echando raíces, pero para sanar no solo necesitamos luchar sino también que la tierra nos vuelva a encandilar.

Creo que el efecto calmante de la naturaleza en mi ajetreada mente es uno de los aspectos de mí misma a los que menos atención he prestado. Poco a poco estoy consiguiendo reavivarlo. Camino por el bosque y me siento a gusto. Cada vez me resulta más fácil escuchar al mundo susurrando: «Esto es todo lo que está sucediendo en este momento». Perdida bajo las ramas de los árboles no necesito nada y, en cambio, siento el poder curativo entre la tierra y yo.

He leído artículos sobre personas que hablan con las plantas. Su salud mental mejora y los datos demuestran que dichas plantas se fortalecen. Presto atención cuando distingo las plumas turquesa de un arrendajo o el pecho amarillo de un herrerillo común, y me parecen un regalo. Caminando por el bosque un día de invierno, la luz del sol se refleja en las pequeñas gotas de agua fría atrapadas en la vegetación y transforma mi camino en un muestrario de delicadas joyas. Cuanto más consciente soy de que formo parte de ellas, más me deleito en estas cosas. A nivel atómico pertenezco a la naturaleza y el alimento de la tierra está escrito en mi ADN.

Me gustaría volver a esta historia de pertenencia a la naturaleza toda mi vida. Es el comienzo de un activismo medioambientalista más sofisticado que limitarse a decir «no» en voz alta. Dejar atrás la era de los combustibles fósiles seguirá siendo necesario, pero fijarnos en la abundancia de la naturaleza puede servirnos de inspiración para discernir cuál podría ser la próxima fase de la evolución humana.

Herramientas para descubrir en qué punto nos encontramos

> La principal verdad oculta sobre el mundo es que lo hacemos nosotros. Y que nos costaría lo mismo hacerlo de otra manera.
>
> —
>
> David Graeber

En este libro presentaré ideas para reflexionar sobre si el mundo que tenemos es el mundo que queremos conservar.

Compartiré herramientas que podemos usar para crear mundos diferentes, incluso dentro de la cáscara del que tenemos. Hablaré sobre cómo es una buena relación: una idea que descubrí leyendo acerca del trabajo de las «organizadoras»[2] negras del movimiento feminista de Estados Unidos. Imaginar cómo es una buena relación da pie a que nos planteemos cómo queremos que sean nuestras relaciones. Nos ayuda a poner en palabras qué es lo que no funciona en nuestras relaciones presentes, con lo que mejora nuestra capacidad para demandar una realidad «mejor».

Tener una buena relación significa darnos cuenta de aquello que hemos sido condicionados a ignorar y aprovechar la fuerza que emerge de ello para exigir algo diferente. Se trata de acercarnos a lo que somos cuando nos despojamos de todas las presiones o expectativas de la sociedad. Se trata de sentir una paz y una alegría fáciles en nuestra relación con el mundo natural, con otros y con nosotros mismos.

Tomar conciencia de que somos parte de la naturaleza puede hacer que cuestionemos el relato de que nuestra destrucción de la tierra es inevitable. A pesar de que hemos vi-

---

2 Término del lenguaje de los movimientos sociales norteamericanos que hablan de «organizadores» en lugar de «activistas», como explica en la página 42. *(N. del E.)*

vido en desequilibrio con la naturaleza, la idea de que dañar la tierra es parte de nosotros no parece para nada correcta.

Viejas excusas para dominar el mundo

Necesitamos ser capaces de cuestionar nuestras relaciones y preguntarnos si nuestros patrones de comportamiento en relación a cómo nos tratamos a nosotros mismos, a los demás y al planeta nos están sanando o haciendo daño. Para ayudarnos a reflexionar sobre estas preguntas, hay tres grandes ideas de las que deberíamos poder hablar con comodidad. Son palabras que describen cómo las personas se relacionan con el planeta y entre sí en la cultura occidental. Son palabras útiles porque sacan a relucir algunas de las suposiciones dañinas detrás de nuestra actual forma de hacer las cosas.

El patriarcado, la supremacía blanca y el capitalismo son tres de los supuestos que han definido cómo se hacen las cosas en nuestra cultura blanca occidental. Estos supuestos han sido creados e inculcados en todos los estamentos que conforman nuestra sociedad por aquellos que ostentan el poder. Bajo estos supuestos, asumimos que es desafortunado pero inevitable que los humanos se traten entre sí y al planeta de manera opresiva y destructiva. Si queremos sanar a la tierra, a nosotros mismos y a los demás, necesitamos encontrar estrategias para reconocer y transformar estas suposiciones.

Palabras como *capitalismo*, *supremacía blanca* o *patriarcado* asustan y suenan inescrutables, pero, para cambiar el entramado de nuestra sociedad, necesitamos entender cómo es ese entramado hoy. Estas tres ideas son los principales sistemas de creencias de nuestra sociedad occidental. Describen cómo se nos ha enseñado a relacionarnos unos con otros. En su centro, cada uno de estos sistemas lleva inscrita la idea de dominio, que da lugar a una sociedad en la que algunas personas someten a otras y todos sometemos a la naturaleza. Se trata de una serie de jerarquías que nos mantienen ocupados, desesperados por mantener nuestra posición de control, que nos llevan a juzgarnos a nosotros mismos por nuestra posición en ellas —a quién superamos— y a vivir con el temor constante de perder ese estatus.

El patriarcado crea una jerarquía de género y coloca a los hombres cisgénero en lo más alto. La supremacía blanca crea una jerarquía de raza y coloca a los blancos en lo más alto. El capitalismo crea una jerarquía de valor y sitúa la capacidad de obtener ganancias en lo más alto.

El capitalismo insiste en una economía que obtiene ganancias de todo, en lugar de construir una que se preocupe por la vida y por el planeta. Nos recuerda una y otra vez que, o bien somos superiores, o bien somos inferiores a nuestros semejantes, en lugar invitarnos a reconocer que somos interdependientes y que juntos creamos la humanidad.

En el capitalismo, si no generamos beneficio, no tenemos valor. Interiorizar que, si no estamos siendo productivos, no tenemos valor es agotador. Es una lógica según la cual las cosas que más amamos, nuestro tiempo, entorno y relaciones, solo son valiosas si generan algún beneficio. Es la lógica que da valor a un bosque solo cuando se ha talado.

Llegar a ser conscientes de los sistemas que modelan nuestra sociedad requiere trabajo. Ninguno de nosotros se ha inscrito voluntariamente a estas categorías, simplemente nacimos en una sociedad donde existían de manera predominante. Si estas jerarquías continúan siendo el *statu quo*, entonces seguiremos enfrentándonos los unos a los otros y asumiendo que tenemos derecho a dominar la tierra. Espero de verdad que este no sea el futuro que elijamos.

Nos va a llevar tiempo y esfuerzo desaprender lo que nos han enseñado, pero ahora tenemos la opción de cambiar y crecer. A medida que comencemos a descubrir cómo nos han alentado a ver a las personas y al planeta como recursos que podemos dominar y de los que extraer beneficios, tendremos la oportunidad de librarnos de esos impulsos y establecer una buena relación.

Una hoja de ruta de nuestro viaje

A lo largo de este libro compartiré con vosotros las estrategias que he aprendido para cambiar mi perspectiva sobre estos sistemas de creencias. Trato así de formar parte de otros mundos más amables donde la sanación es posible. Estos mundos están empezando a existir más allá de los límites del patriarcado, la supremacía blanca y el capitalismo. En ellos, todos estamos al mismo nivel y somos capaces de mirarnos a los ojos y hacer el trabajo que hay que hacer.

Independiente del punto en el que te encuentres, quiero recorrer parte del camino a tu lado. Quiero imaginar cómo te sentirás cuando dejemos el miedo y la preocupación por nuestra posición en las jerarquías y pasemos a relacionarnos entre nosotros con generosidad, ingenio, disposición, colaboración y confianza.

He dividido este libro en tres partes. Comienza con dónde estamos ahora —El yo— pasando por lo que necesitamos —Comunidad— para poder sanar —Tierra.

En la primera parte —El yo— exploro en qué punto nos encontramos y comparto formas de tomar otro tipo de decisiones y reducir nuestra huella en la tierra. Hablo sobre por qué tenemos que hacerlo, pero también sobre los límites de este estilo de vida.

En la segunda parte —Comunidad— ofrezco orientación para actuar de manera más colectiva y formar parte de una comunidad. Comparto mi experiencia en la celebración de reuniones, campañas de éxito y la organización colectiva.

En la parte final —Tierra— comparto prácticas respetuosas con la tierra que me proporcionan alegría. El mundo que nos espera requerirá de nosotros una mayor resiliencia, así que en esta parte del libro ofrezco estrategias para despertar tu empatía y alentar tu optimismo. Cada vez hay más de nosotros comprometidos con la protección del planeta, pero para poder llevar a cabo ese trabajo sin que nos pase una enorme factura espiritual y física, vamos a necesitar fomentar una cultura de la compasión, la paciencia y el descanso.

Nuestro objetivo es desarrollar relaciones con la tierra que curen y nutran más de lo que dañan y explotan. No va a ser fácil. Tenemos mucho que desaprender si queremos relajarnos y dejar que el mundo nos sustente.

Ninguno de nosotros quiere ser responsable de un planeta en ruinas. Somos una especie adaptativa, resistente y en constante cambio, en un mundo en permanente transformación y regeneración. El daño que hemos causado ya no se puede obviar, pero es momento de asumir nuestra responsabilidad.

Es un gran momento para estar vivo porque, hoy más que nunca, todo lo que hacemos realmente cuenta. La especie humana de la que formamos parte necesita cambiar drásticamente de rumbo y esto significa que cada decisión que tomamos o nos lleva a un futuro diferente o consolida una forma de vida que la tierra no puede soportar.

Este libro es un mapa de formas de vivir con un mayor respeto hacia la tierra. Lo más importante es que lo intentemos y que, cuando el camino nos parezca demasiado desalentador, lo volvamos a intentar. Ahora eres parte de una comunidad, de un grupo de personas que está haciendo todo lo posible para reaccionar. He escrito este libro porque yo también soy parte, de esa comunidad: en ella comparto lo que he aprendido, ofrezco consejos y celebro el magnífico descanso que tiene lugar cuando nutrimos nuestro Yo, la comunidad y la tierra.

Puede que sean las doce menos diez de la noche, pero eso significa que quedan seis horas para el amanecer.

No es que otro mundo sea posible, sino que está de camino. En un día tranquilo, puedo oír su respiración.

—

Arundhati Roy

EL YO

1
¿Cómo de grave es realmente la situación?

Antonio Gramsci es un teórico social que descubrí en un club de lectura que organizamos con cinco amigos. Queríamos entender algunas de las grandes ideas de las que hablan los intelectuales, así que creamos un lugar donde poder estudiar juntos sin sentirnos juzgados por lo poco que sabíamos de «teoría social». Una de las ideas que encontramos en el primer libro que leímos fue el concepto del «interregno» de Gramsci.

En 1930, Gramsci estuvo en prisión porque el gobierno fascista de Mussolini quería «que su cerebro dejara de funcionar».[2] Durante su encarcelamiento, Gramsci escribió *Cuadernos de la cárcel*, obra que contiene sus ideas más influyentes culturalmente. Pasados cuatro de los veinte años a los que fue sentenciado, Gramsci escribió que «la crisis consiste precisamente en que lo viejo está muriendo y lo nuevo no puede nacer; en este interregno aparecen una gran variedad de síntomas de enfermedad».

Cuando lo oí por primera vez, me tocó una fibra sensible. Es como si en estos momentos estuviéramos viviendo en un

---

2   Es lo que dijo el fiscal durante el juicio a A. Gramsci, recogido en Gramsci, *Selections from the Prison Notebooks*, traducido por Quintin Hoare y Geoffrey Nowell-Smith, Nueva York, International Publishers, pp. xvii–xcvi, 1971.

interregno. Vemos y sentimos que hay algo en nuestra forma de vida que no está bien. Sabemos que no podemos continuar con nuestra conducta extractiva respecto de la naturaleza, destruyendo el mundo. Nos damos cuenta de que necesitaremos unirnos para que la especie humana perviva y nos preocupa que no haya una estrategia clara para cambiar este mundo o encontrar otras formas de vivir que reemplacen a «las antiguas».

Todo está cambiando muy rápido, pero en lugar de prepararnos y aprender, nos resistimos. Ya sea el cambio climático, la IA, la justicia racial, una pandemia o el desempleo masivo, no queremos reconocer lo desagradable que es notar cómo los cimientos de nuestra civilización se mueven bajo nuestros pies. Tenemos miedo y, en lugar de reconocerlo, decidimos, abrumados, que la opción más segura es meter la cabeza bajo tierra. Si persistimos, nos asfixiaremos.

Nos guste o no, en nuestro planeta se están dando cambios importantes. También hay sistemas de poder empeñados en conservar su *statu quo*. Los poderosos saben que la mejor manera de preservar su poder es convencernos de que las cosas deben seguir como están. Salen ganando si no hacemos nada y, en su versión de la realidad, los enormes costes de nuestra forma de vida son inevitables. Un planeta esquilmado, personas oprimidas por su situación económica, clase, raza, género o discapacidad y una epidemia de problemas de salud mental se justifican como las tristes pero inevitables consecuencias de la huella de nuestra especie en la tierra.

El cambio climático es una emergencia que se ha ido gestando desde la Revolución Industrial. Una emergencia que confluye con nuestro impacto medioambiental, ya que el uso desenfrenado de los recursos conlleva la rápida desaparición de otras especies y hábitats. Los que están en el poder lo saben desde hace más de cuarenta años. Han hecho muy poco para prepararnos para lo que viene. Es hora de que nos miremos los unos a otros y nos convirtamos en esas personas en las que podemos confiar para superarlo.

Familiarízate con los hechos

Ya no hay clima que no hayamos tocado ni naturaleza inmune a nuestra presión invasora. El mundo que una vez conocimos nunca volverá.

—

Kate Marvel, científica climática del Instituto Goddard de Estudios Espaciales de la NASA y del Departamento de Física Aplicada y Matemáticas de Columbia Engineering

La mayoría de los activistas del clima puede nombrar un hecho científico en particular que les resulta aterrador y recurrente. El mío es el derretimiento del hielo del océano Ártico. Se trata del único impacto en el clima que conozco en profundidad. Es en base a ese conocimiento que me permito opinar sobre el cambio climático. En lugar de preocuparme por no saber lo suficiente y dejar que sean los científicos quienes debatan sobre ello, decidí aprender un poco para sentirme segura al compartir mis pensamientos y temores.

El hielo marino del Ártico se está derritiendo más rápido de lo que nadie hubiera podido predecir. Es una mala noticia, pues regula nuestra temperatura global. Ese hielo blanco actúa como una nevera, enfriando todo el planeta. También refleja la luz y el calor del sol, lo que mantiene la superficie de la tierra más fría. Cuando el hielo marino estival del Ártico se derrita definitivamente (se prevé que ocurra entre 2035 y 2050), aparte del masivo aumento del nivel del mar y la mala noticia que esto representará para los osos polares, perderemos el refrigerador y el reflector de luz solar en la parte superior de nuestro planeta.

El calentamiento global aumentará porque la superficie blanca del hielo será reemplazada por un océano azul oscuro que absorbe (en lugar de reflejar) la energía solar. Nadie sabe exactamente en qué medida esto acelerará el cambio climático. Pero una cosa que los científicos del clima sí saben es que perder el hielo marino del Ártico tendrá un efecto sin precedentes en la temperatura global y el aumento del nivel del mar. Desestabilizará las condiciones bajo las cuales nuestra especie humana prosperó.

Ve más allá del negacionismo

Si bien no conviene dejarse desbordar por las malas noticias, de vez en cuando es necesario leerlas y ponerse al día. Esto nos ayuda a tener presente que hemos empezado a realizar cambios radicales en la forma en que vivimos y que más cambios están por venir. No los ignoramos enterrando la cabeza bajo tierra. Es más, si reaccionamos ahora manteniéndonos alerta a la realidad y construyendo vidas preparadas para el cambio, podremos mitigar el golpe.

En lo que respecta a la emergencia climática y ecológica, hemos sido una especie negacionista. Es hora de que nos hagamos cargo de la situación para que al menos podamos afrontar lo rápido que necesitamos movernos. Nos encontramos ante la sexta gran extinción de vida en nuestro planeta. Está siendo la más rápida de todas y la única causada por una sola especie: la humana. Nuestro planeta estaba compuesto por un 99% de vida silvestre y 1% de vida humana. Ahora tenemos un 4% de vida silvestre, un 36% de vida humana y un 60% de ganado. Fingiendo que no pasa nada no vamos a poder protegernos a nosotros mismos ni a las especies con la que compartimos este planeta.

El cambio climático está sucediendo a un ritmo más rápido que las cautelosas predicciones del consenso científico.

A nivel mundial, no estamos preparados para la magnitud de los desastres naturales que acaecerán debido al aumento de las temperaturas globales en nuestro planeta.

Con la cantidad de emisiones de gas invernadero que hemos producido hasta ahora, las temperaturas globales aumentarán, como mínimo, un grado Celsius. Aunque dejáramos de quemar combustibles fósiles hoy mismo, todavía tendríamos que reajustar nuestras economías globales para hacer frente al cambio climático que ya hemos provocado.

Pero no vamos a dejar de quemar combustibles fósiles hoy. Estamos lejos de aplanar la curva de emisiones de gas invernadero. Bien al contrario, estas siguen aumentando, y de todo el CO_2 emitido desde 1751, más de la mitad corresponde a los últimos treinta años. Si no reducimos radicalmente las emisiones responsables del cambio climático, nos espera un mundo donde las temperaturas globales aumentarán mucho más allá de los dos grados Celsius. He buscado en Google lo que los científicos predicen que le sucederá a la vida en nuestro planeta por cada grado adicional que aumenten las temperaturas globales. Da miedo, y me temo que decir la verdad sobre esto es un requisito previo para que se tomen las medidas que me dispongo a explorar aquí con vosotros.

No te culpes...

Aunque nunca hayamos sido tan conscientes del problema ni nunca haya estado tan generalizado el deseo de emprender acciones al respecto, lo cierto es que la emergencia climática y ecológica no figura en el puesto número uno de ninguna agenda política. Tampoco sirve de trasfondo para contextualizar preocupaciones a más corto plazo. Y debería serlo, porque la situación del planeta es el contexto de nuestra vida diaria. Si la tierra no puede sustentar tantas vidas como necesitamos que sustente, entonces tendremos que luchar entre nosotros para sobrevivir y el resto de nuestros problemas pasará a un segundo plano (o empeorarán mucho).

Las personas que tienen dinero y poder en este mundo lo consiguen engañando al sistema. Su riqueza e influencia dependen de un mundo que se alimenta del petróleo y el gas, en el que triunfan las personas que anteponen las ganancias a todo lo demás. Grandes industrias como la moda rápida (*fast fashion*), existen solo porque se les permite destruir el medio ambiente, eludir una legislación irrisoria y explotar sin piedad a sus trabajadores. Es un mundo que proporciona enormes ganancias a las industrias que queman hidrocarburos, incluso a sabiendas de que esto significa la ruina climática.

En estos momentos, un liderazgo político visionario requeriría de personas en el poder que reconocieran cuán amplia debe ser la escala del cambio en nuestra economía, sociedad y cultura. Nuestros líderes necesitan encontrar el coraje para ponernos en un camino de transformación y mantenernos en ese camino, por difícil que sea. Lamentablemente, muy pocos tienen esta visión, gracias a que en gran parte la mayoría de ellos pertenecen a la misma élite que se está enriqueciendo con el capitalismo que destruye el planeta.

...ni te pongas a la defensiva

No nos gusta que nos digan que tenemos que cambiar. Esta es una de las razones por las que los activistas no interesan. Percibimos sus acciones como una crítica hacia nosotros y somos duros con ellos por decirnos cómo vivir.

Muchos activistas medioambientales (incluida yo) provienen de un grupo demográfico bastante acomodado. Ver a personas blancas de clase media decir a todos los demás que tienen que cambiar su forma de vida no resulta especialmente atractivo. Sin embargo, este —personas blancas moviendo los hilos— es precisamente el modelo que los países occidentales han aplicado al escenario global. Nuestra riqueza y desarrollo se ha basado en esquilmar la tierra y el trabajo de nuestras colonias, y ahora decimos que no actuaremos hasta que el resto del mundo prometa no desarrollarse.

Al mundo blanco occidental no se le ocurren mejores ideas que los sistemas de poder, que han llevado a todo el planeta a una emergencia climática y ecológica. Nuestra versión del liderazgo global nos ha puesto en una situación en la que, en lo relativo a la protección del planeta, y a pesar de todo lo que hemos creado, hemos fracasado.

Conviértete en parte de la solución

Si hablamos de resiliencia y sostenibilidad, las culturas occidentales son las que más trabajo tienen por hacer. Para capear las tormentas que se nos avecinan, necesitamos aprender de todos aquellos a los que históricamente hemos oprimido. A este respecto podemos tomar prestado el lenguaje de los movimientos sociales norteamericanos que hablan de organizadores en lugar de activistas. Los organizadores son personas que se han dado cuenta de lo que está sucediendo y quieren hacer algo al respecto. Nos arremangamos y seguimos adelante. Todos podemos ser organizadores.

Elegimos hacer algo porque nos damos cuenta de que, si no nos armamos con los recursos suficientes, nos veremos duramente golpeados por la nueva realidad. Elegimos actuar porque no actuar está empezando a doler. Queremos sanarnos a nosotros mismos a través de la sanación de nuestra relación con el planeta.

Ya sea el apocalipsis de los insectos o el Ártico derretido, terribles incendios forestales o la predicción del Instituto para la Economía y la Paz de que la crisis climática podría desplazar a 1200 millones de personas en 2050, tú eres esencial para que este movimiento llegue hasta donde necesitamos.

2
Soy solo una persona

Una vez que comenzamos a actuar, la esperanza está en todas partes. Así que, en lugar de buscar esperanza, busca acción. Entonces, y solo entonces, llegará la esperanza.

Greta Thunberg

Cuando tenía 31 años viví seis meses en Berlín. Recién llegada, comencé a asistir a reuniones de meditación. Eran un lugar para hacer amigos y aprender estrategias con las que afrontar mi recuperación de una década de activismo sin pausa.

Sabina fue una de las personas que conocí meditando. Tenía cincuenta y pocos años e iba vestida con la ropa holgada con la que te imaginas a alguien que hace meditación en grupo, pero desafiaba ese estereotipo con una funda chapada en oro en sus dientes inferiores. Me preguntó cómo había llegado a Berlín y me lo tomé literalmente, describiendo mi viaje en tren. Sabina sonrió y me invitó a tomar un té.

Conforme la fui conociendo, me di cuenta de que Sabina no bebía, no fumaba, no comía carne ni consumía ningún producto animal —y sigue sin hacer ninguna de estas cosas—. No viaja en avión ni tiene coche y su teléfono móvil es un Nokia de quince años de antigüedad. Va al mercado de las pulgas cada fin de semana e invierte horas y unos pocos euros para comprarse una pieza de vestir que trata como un tesoro. Nunca habla de este tipo de decisiones como sacrificios; de hecho, ni siquiera los menciona. Yo solía acumular hábitos de vida ecológicos como si fueran un arsenal. Me enorgullecía saber que mis elecciones de vida eran mejores que las de la media. Sabina fue una de las personas que me ayudó a entender lo agotador que es utilizar cada una de nuestras elecciones personales como una oportunidad para juzgar a los demás. Gracias a ella descubrí una forma diferente de vivir en armonía con la tierra. Era una persona que simplemente se puso manos a la obra. Tomaba decisiones porque le hacían sentir bien. Inspiraba a otras personas con su armonía en lugar de su martirio.

Sus acciones no son una pose ni una declaración de principios. Se limita a vivir sin dramas, en equilibrio con la tierra. No parece importarle si se pierde algo, porque la forma de vida que ha elegido le proporciona paz. Cuando reducimos nuestra huella en la tierra, nuestro cambio genera más cambio. Cada elección respetuosa con la tierra la sana, en lugar de extraer algo de ella. No deberíamos pasarlo mal por comprometernos a hacer algo. Al contrario, debería ser el comienzo de un viaje que conduce a un futuro más seguro. No hace falta proclamarlo a los cuatro vientos. Es un compromiso muy personal, y mantener el rumbo en una sociedad cuyo principal mensaje es que consumamos más requiere de una determinación y resistencia a las que no estamos acostumbrados en nuestras vidas.

Prueba a hacerlo de forma imperfecta

Felicítate por cada decisión que tomes y cada acción que emprendas para cambiar un poco más tu comportamiento. Nadie vive una vida verde perfecta, pero cuando actuamos con respeto hacia la tierra, revertimos el patrón de consumo sinfín de los humanos en el mundo. Comenzamos donde nuestras vidas tocan el planeta. Nuestro primer paso es disminuir ese impacto. Compartiré con vosotros algunos de los compromisos que he ido asumiendo. Son hábitos que trato de mantener sin castigarme cuando me los salto. No se trata de armarnos con un látigo para fustigarnos a nosotros o a nuestros amigos menos respetuosos con la tierra. Se trata de tomar conciencia de nuestras líneas rojas y vivir sin traspasarlas. Se trata de decidir por nosotros mismos cómo queremos responder a la emergencia climática y ecológica.

Al hacerlo, estas decisiones harán que nos sintamos realmente bien, porque si los que más consumimos hacemos grandes cambios, el impacto es importante. Aun así, no voy a entretenerme en enumerar todas las cosas con conciencia ambiental que puedes hacer. Ya se han escrito muchos libros al respecto, y tal vez sepas ya cuáles podrían ser tus próximos pasos.

En lugar de eso te explicaré algunas de las razones por las que he adquirido ciertos compromisos. Tómalo como sugerencias de cosas respetuosas con el medio ambiente que tú también podrías hacer. Tener el completo control de mi huella ecológica en ciertas áreas de mi vida me ha resultado tranquilizador. Al estar atentos a esos momentos en los que tomar una decisión u otra afecta al planeta, nos ponemos en marcha para cambiar nuestra relación con la tierra.

Nuestra comida

Lo que comemos genera más del 25 % del total de emisiones globales. La alimentación es también la principal causante de la emergencia ecológica, pues destruye hábitats para crear granjas de monocultivo. Los fertilizantes matan los océanos y los pesticidas están llevando a los insectos y otras criaturas al borde de la extinción. Además, un tercio de todos los productos alimenticios se tira.

Comemos tres veces al día. Cada comida puede ser un momento en el que nuestras vidas protejan la tierra. Reduce tu consumo de carne —y márcate una fecha límite para dejarla—. Aumenta el número de menús diarios basados completamente en plantas. Trata de no desperdiciar nada de lo que compras.

Nuestra ropa

Se calcula que en 2030 el consumo de moda habrá aumentado un 63%. Las emisiones de la producción de ropa superan ya las del transporte aéreo y marítimo combinados. También esconde un gran coste humano y ambiental, pues asola a los agricultores y se beneficia a costa de salarios bajos y peligrosas condiciones laborales en las fábricas.

Reinicia tu relación con la moda. No compres ropa ni textiles nuevos durante un año. Haz sitio para el reciclaje en tu vida, para el intercambio de ropa, para hurgar en las tiendas de organizaciones de caridad, y pon en práctica tus habilidades como modista para arreglar o remozar tu ropa. Si compras algo, espera y gasta un poco más de dinero en algo de calidad y que dure años.

Nuestros dispositivos electrónicos

Reemplazamos nuestros dispositivos electrónicos con mucha más frecuencia de la necesaria. Cuando los tiramos, a menudo acaban en vertederos donde los metales preciosos que contienen no se pueden reciclar. El historial de abusos contra los derechos humanos tanto en las minas donde se extraen estos metales preciosos como en las fábricas donde se ensamblan estos aparatos es extenso.

Mantén una lista de las cosas que necesitas. No confundas lo que realmente te hace falta con la presión para comprar nuevos *gadgets* todo el tiempo. Si necesitas un nuevo aparato tecnológico, dedica algo de tiempo a investigar cuál es el modelo más duradero y fácil de reparar. Mando desde aquí un saludo a mi favorito, el Fairphone.

Nuestras formas de transporte

El transporte representa casi una cuarta parte de las emisiones de gases de efecto invernadero y, de esta, dos tercios provienen de los vehículos privados. Se espera que en 2040 haya el doble de propietarios de automóviles. Tenemos que revertirlo.

Si no eres una persona con discapacidad y vives en una zona bien comunicada con transporte público, piensa seriamente en si realmente necesitas un automóvil. En el Reino Unido la mayoría de los desplazamientos son de menos de dos millas. Hazlos a pie. Podemos ir en bicicleta, caminar o utilizar el transporte público. Podemos unirnos a clubes de coches o crear comunidades para compartir viajes. En el caso de que necesites un automóvil, cuídalo; los coches pueden durar más de veinte años.

Nuestras vacaciones

La aviación genera actualmente el 2% de las emisiones mundiales, el porcentaje que más rápido está creciendo en el sector del transporte. La mayoría de la gente no vuela, pero algunas personas vuelan mucho. En el Reino Unido, un 15% de la población coge el 70% de todos los vuelos. Las personas que vuelan mucho deberían hacerlo mucho menos.

Esto no quiere decir que no haya que volar nunca (aunque puede que sea una de tus líneas rojas). Simplemente no cojas vuelos de corta distancia; es necesario que superemos la cultura urbana de las escapadas de fin de semana. Toma un vuelo de ida y vuelta de larga distancia una vez cada ocho años y conviértelo en un viaje especial. Intenta no reservar nuevos vuelos. En su lugar, coge el tren y haz que el trayecto sea parte de la aventura. Por otro lado, ahora todos nos hemos acostumbrado a hacer videollamadas con nuestros seres queridos. Sigue así.

Nuestra energía

Toda la energía debería ser verde pero, mientras no lo sea, podemos respaldar a las compañías de energía renovable y ayudar así a sustituir los combustibles fósiles. Hace años que soy una clienta feliz de Ecotricity, pero con esto no pretendo promocionar ninguna compañía. Investiga las compañías de energía verde y elige la tarifa que mejor se adapte a tus necesidades.

Nuestros ahorros

Nuestros bancos y fondos de pensiones invierten en infraestructuras e industrias que emiten grandes cantidades de CO_2. Es tarea del gobierno y las grandes empresas transformar los sistemas sobre los que se levanta nuestra sociedad, pero tú puedes analizar qué está bajo tu control y así ayudar a cambiar el sistema a un nivel más general. Si tu banco o fondo de pensiones invierte en combustibles fósiles, ponte en contacto con ellos. Amenaza con llevarte tu dinero si no realizan inversiones razonables a nivel ético y medioambiental y, en caso de que finalmente cumplas tu amenaza, asegúrate de comunicárselo para que sepan que vamos en serio.

Ecoalegría

La alegría es contagiosa. A la gente le resulta atrayente ver que nos comprometemos con cosas importantes y que nos sentimos bien con nuestra huella ambiental en el planeta. No hace falta sermonear a amigos y familiares para inspirarlos a cambiar con nosotros. Todos sabemos que una acción individual no salvará el mundo, pero las acciones individuales crean una cultura en la que nuevas formas de ser son bienvenidas y, a su vez, inspiran a otros a cambiar.

3
¿Qué es lo que nos frena?

La gente siempre ha sido capaz de imaginar el fin del mundo, que es algo mucho más fácil de imaginar que los extraños caminos secundarios del cambio en un mundo sin fin.

Rebecca Solnit, *Esperanza en la oscuridad*

Hay muchas cosas que dificultan el cambio; sobre todo, que a los seres humanos nos gusta que las cosas sigan igual. Nuestra sociedad se ha construido mayoritariamente partiendo de la base de que quemamos combustibles fósiles para obtener energía y que los recursos naturales se utilizan para crear cosas humanas. Estos supuestos están entreverados en todo lo que hacemos y desprendernos de ellos costará tiempo y un esfuerzo constante. También valentía, determinación y optimismo para seguir adentrándonos en lo desconocido.

Las personas poderosas son las que más tienen que perder

Todo sería más fácil si las personas más poderosas pusieran algo de su parte. Desafortunadamente, no lo hacen. En cambio, generan confusión al echarnos toda la culpa a nosotros. Se nos dice todo el tiempo que tenemos que cambiar nuestro comportamiento, a pesar de que solo veinte empresas son responsables de un tercio de todas las emisiones de carbono del mundo. Es un brillante truco de prestidigitación. En vez de exigir que estas empresas cambien su modelo de negocio —o que cierren—, nos angustiamos pensando si estamos tirando el plástico de un solo uso en el contenedor/ cubo que toca.

Miramos a nuestro alrededor y vemos un mundo que no cambia lo suficientemente rápido. Nos preocupa que, si tenemos que convencer a cada persona en nuestra calle o ciudad de que cambie su vida y hábitos, nunca llegaremos a tiempo. Los cambios individuales que aplicamos a nuestro estilo de vida se nos antojan inútiles y, con ello, la esperanza comienza a desvanecerse. Nos dicen que nosotros somos los responsables, a pesar de que no poseemos acciones en empresas de combustibles fósiles ni somos los responsables de tomar las decisiones sobre si gastamos dinero público en transporte de bajas emisiones como el tren en lugar de construir más carreteras.

Las personas con la capacidad de llevarnos hacia un futuro diferente nos han hecho sentir fatal al decirnos que somos los culpables de la emergencia climática y medioambiental. No lo somos. Cuando descubrimos que solos no podemos salvar el mundo y pedimos a los poderosos que lideren, se ponen nerviosos y nos dicen que ahora no es un buen momento. Esperar a que tomen las riendas nos ha hecho perder años e incluso ahora, cuando la emergencia climática ha sido ampliamente aceptada, no recibimos una visión convincente desde arriba sobre cómo vamos a salir de la rueda de hámster del consumo sinfín. Necesitamos unirnos y hacer preguntas a los poderosos porque, si los dejamos solos, nos llevarán a la ruina.

Fortalecer el músculo de la valentía

El cambio climático da miedo. Cada vez más personas sufren de ansiedad climática y esto puede hacer que nos quedemos paralizados. Quiero mejorar mi respiración para poder actuar incluso cuando me siento asustada, porque la acción es la mejor estrategia para curar la ansiedad climática. Cuando hacemos algo para combatir el cambio climático, nos conectamos con el presente y creamos razones para la esperanza. Cuando participamos en acciones prácticas, nuestras mentes no se sienten sobrepasadas por un futuro que aún no conocemos.

Hacer algo por el cambio climático requiere coraje, y mi generación, que creció leyendo *Vice*, aún no lo ha encontrado. Preferimos burlarnos de la acción colectiva en lugar de involucrarnos en ella. Preferimos ser cínicos que optimistas.

No queremos renunciar a nuestros trabajos, comer tubérculos, apartarnos de la sociedad o ser arrestados, así que nos desesperamos pero no hacemos nada. Sin embargo, la realidad del cambio no es así de blanca y negra. Lo que realmente hace falta es que todos pensemos concretamente qué podemos hacer y luego, que encontremos el coraje para hacerlo. No retrocediendo en el tiempo hasta alguna era preindustrial, sino avanzando lentamente hacia una nueva realidad que construiremos juntos.

A través es el único camino

Supongo que el quid de la cuestión es que todavía no queremos renunciar a esta realidad. Sigue habiendo muchas cosas de las que nos gusta disfrutar. La verdad es que no tengo ningún argumento en contra de esto. Se trata más bien de que no creo que esta realidad me vaya a hacer feliz a largo plazo. No puedo ignorar las noticias sobre fenómenos climáticos devastadores. No puedo olvidar el aumento de los desastres naturales a causa del cambio climático según la ciencia. Me siento incómoda si finjo que el futuro no nos va a suponer un reto. En lugar de ello, quiero prepararme.

Cuando cambiamos nuestros hábitos, nuestras creencias también lo hacen. En lugar de tener que ser una persona de éxito, he comenzado a preguntarme cómo ser parte de una historia humana próspera. Es posible pasar de una economía extractiva que cambia el clima a una circular que prioriza el cuidado, pero no llegaremos hasta un futuro así solos.

El milagro de la acción colectiva

A lo largo de la historia, el progreso humano se ha dado en los momentos en los que nos hemos unido y hemos luchado contra la injusticia. Es entonces cuando superamos a élites excluyentes que trabajan en su propio interés. Los que somos mayoría nos unimos y luchamos contra todo pronóstico. Ganamos, y esta lenta revuelta en la historia nos aleja de la opresión y lleva más libertad a más personas. Ahora bien, nunca ha habido un momento más importante que el actual para ser ambiciosos en nuestra lucha por la justicia. Tenemos todo nuestro futuro y todas las generaciones futuras que proteger.

He vivido en propia piel qué sucede cuando los movimientos ganan. Sé que es posible que futuros inimaginables se conviertan en realidad. En la escuela a la que asistí mientras crecía, la Sección 28[1] hizo que me sintiera humillada al tratar de explicar a mi maestra que era homosexual. Todavía hoy recuerdo lo mal que lo pasé cuando le dije que era gay y ella se quedó en silencio y salió de la habitación.

Han pasado muchas cosas desde entonces. La Sección 28 es historia y en las escuelas se han instaurado políticas contra el acoso homófobo. El matrimonio gay ha sido legalizado en muchos países de todo el mundo. El amor *queer* se ha convertido en parte de la corriente cultural dominante y estamos luchando para proteger a los menores trans.

---

1   La Sección 28 fue una enmienda dentro de una ley que instaba a no promocionar la homosexualidad en escuelas subvencionadas por el Estado en Inglaterra.

Hoy en día soy una persona no binaria casada con una mujer en una zona de Londres que tiene una comunidad *queer* y su propio «Forest Gayte Pride». Puedo tener conversaciones delicadas con mis padres, las personas que pensé se verían más decepcionadas con mi sexualidad e identidad de género. Algún día mi esposa y yo adoptaremos un niño o más. En el proceso, es poco probable que nos discriminen, pero si en algún momento sospechamos que así es, llevaremos a los servicios de adopción a los tribunales y ganaremos.

El mundo lo han cambiado miles de millones de personas que abrieron sus mentes a realidades que están más allá de lo que les dijeron que era «normal». Observar este progreso me llena de esperanza. Si bien es cierto que no es suficiente y que todavía hay enormes montañas que escalar —especialmente ahí donde las identidades *queer* se cruzan con otras identidades marginadas—, hay movimiento. La mayoría de nosotros, de una u otra manera, nos hemos visto afectados por ese movimiento, a la vez que hemos influido en él. Hicimos que estas identidades se convirtieran en algo «normal». Así como lo hicimos realidad, también podemos evitar que suceda. Somos el denominador común de lo que frena y desata el cambio.

Comienza así: cinco formas de reducir tu huella en la tierra

La acción más importante que puedes emprender es comenzar, y no renunciar a hacerlo.

Elige uno de los cinco propósitos de la lista de más abajo. Pon un recordatorio en tu agenda o calendario virtual a tres meses vista. Comprueba luego cómo te está yendo. Alégrate y elige otros dos propósitos. O, si has abandonado tu primer propósito, usa este recordatorio de noventa días para restablecer tu intención de sanar tu relación con la tierra.

1. **Instaura un día a la semana en el que el menú sea a base de plantas (vegano).** Si es un paso demasiado grande, entonces instaura dos días a la semana completamente vegetarianos.

2. **Sustituye los viajes cortos por caminatas, ciclismo o transporte público.** Mientras estás fuera, escucha el canto de los pájaros e identifica los árboles.

3. **Investiga sobre la emergencia climática y medioambiental.** Explica a alguien lo que has descubierto y también lo que estás haciendo al respecto en por lo menos una conversación cada semana.

4. **Haz un año de pausa en cualquiera de los siguientes temas** (empieza con un año; con suerte este será el comienzo del fin para estas prácticas de altas emisiones): comprar ropa nueva; tomar vuelos de corta distancia; vacaciones en el extranjero; comer carne (especialmente carne de vacuno); comprar nueva tecnología.

5. **Entiende bien tus finanzas.** Asegúrate de que tu dinero no está financiando la emergencia climática y medioambiental. Elige un proveedor de energía verde. Si tu banco o fondo de pensiones invierte en combustibles fósiles, cambia tus inversiones.

Arranca esta página y pégala en tu nevera.

Lo que hacemos es más importante que lo que decimos o lo que decimos que creemos.

—

bell hooks

Lo que quiero existe si me atrevo a buscarlo.

—

Jeanette Winterson, *¿Por qué ser feliz cuando puedes ser normal?*

COMUNIDAD

4
No estamos solos

Hemos comprobado que el planeta y todos los que vivimos en él nos aproximamos a una era de crisis sin precedentes. En respuesta a ello, individualmente y como sociedad, estamos buscando formas de sanar en lugar de extraer. Pero incluso si nuestro planeta se regenera, la factura que nos pasará el cambio climático significará que cada vez habrá más desastres naturales. Los efectos de estos desastres generarán nuevas tensiones entre nosotros.

Uno de nuestros mayores temores está vinculado con nuestra seguridad y la seguridad de aquellos que amamos. A medida que el individualismo se ha convertido en algo aspiracional, hemos comenzado a poner en duda que podamos ser felices sin ser egoístas. Con demasiada frecuencia, la consecución de lo que queremos se antepone a la construcción del bienestar colectivo. Por eso comienza a preocuparnos que nuestra seguridad dependa de nuestro egoísmo.

Pero esta versión del mundo no es nuestra única realidad. La verdadera seguridad llegará cuando podamos confiar en que hay comida, refugio, conexión y belleza ahora y en el futuro. Un mundo en el que no habrá que temer que la gente acumule cosas o no reparta de lo que tiene. Cuando las cosas escasean, lo más práctico es construir comunidades interdependientes y resilientes que no dejen a nadie atrás porque, si no, lo único que haremos será pelearnos.

En un mundo cada vez menos hospitalario, la única forma de sentirnos seguros y tener confianza es construir comunidades fuertes que se provean mutuamente. No tendremos una buena vida si sentimos miedo los unos de los otros y tratamos de superar las crisis en solitario. Nos sentiremos seguros cuando nuestras comunidades sean resilientes y prioricen el cuidado de los demás.

Independientemente de lo grande o pequeño que sea nuestro círculo de amistades, nuestra familia, comunidad local o red de trabajo, es hora de pensar detenidamente con quién pasamos nuestro tiempo y si ese tiempo contribuye a la resiliencia de la comunidad. No estamos acostumbrados a pensar de manera deliberada en nuestras relaciones. En su lugar, acumulamos amigos y familiares desde la infancia y a través de los años de educación hasta nuestra vida adulta. Pero para vivir bien en contextos difíciles, necesitamos estar más atentos a las conexiones que creamos. La comunidad es una promesa de que no nos abandonaremos los unos a los otros. ¿Hay personas en tu vida a las que les has hecho esta promesa?

Más allá de la familia inmediata

La mayoría de nosotros no tenemos una gran comunidad. Tal vez nuestra pareja sentimental, la familia más cercana y un par de amigos íntimos. Priorizamos un puñado de relaciones convencionales, como el romance de Hollywood que se convierte en una familia con 2,4 hijos (esta historia se ha amplificado tanto que puede parecer la única relación seria en la que vale la pena invertir). A consecuencia de esto no se han explicado otro tipo de relaciones que se extienden en la comunidad más allá de la familia.

Muchos de mis amigos *queer* no han tenido la oportunidad de desarrollar su comunidad. Rechazados por su familia inmediata, han tenido que construir relaciones de confianza y apoyo con otras personas, que se han convertido en su «familia elegida». Algunos de mis amigos son tan importantes para mí como mis parientes consanguíneos. Pase lo que pase en el futuro, estaremos ahí el uno para el otro. Mi familia elegida crece y crece, extendiéndose más allá de las personas con las que me crié, para acabar incluyendo a aquellos a quienes quiero dar mi amor y que me cuiden.

Necesitamos convertirnos en expertos en crear relaciones amorosas tanto dentro como fuera de nuestra familia inmediata. Estas relaciones nos ayudarán a salir adelante de maneras desconocidas en ese territorio inexplorado que es nuestro futuro colectivo. El amor práctico es el ingrediente esencial para superar los desafíos que se avecinan y los que ya están aquí.

Hacia una mayor resiliencia

A la hora de la verdad, cuando golpea la catástrofe, lo mejor de nuestra humanidad acude al rescate. Ya sea la comunidad que se organizó para llevar alimentos y agua a los más vulnerables después del huracán Sandy o los miles de grupos autogestionados de ayuda mutua que surgieron para cuidar a las personas cuando llegó la pandemia de COVID-19 en 2020, cuando estamos al borde del desastre, construimos comunidades vivas y resilientes. Nuestro reto es integrar esa resiliencia en la vida cotidiana que compartimos unos con otros, en lugar de cruzar los dedos esperando que surja en momentos de emergencia.

Los acontecimientos globales nos recuerdan cuán vulnerables somos y cuánto dependemos de reservas de resiliencia a menudo demasiado magras. La unidad social del yo aislado e independiente a la que aspiramos no nos sirve cuando necesitamos hacer frente colectivamente a cambios sin precedentes. Desafiar «lo individual» construyendo comunidad aporta muchos beneficios sociales y, no menos importante, nos ofrece una salida a la epidemia de soledad que nos está afectando.

La comunidad ofrece apoyo en tiempos difíciles y se alegra de los buenos. Anhelo esta solidaridad de los que me rodean y recibirla me enriquece. El apoyo y la buena opinión de otras personas hacen que todo mi ser resplandezca.

Analiza bien las comunidades a las que perteneces y lo que tu participación aporta. Ten cuidado con las dinámicas de tu familia, tu trabajo, tu comunidad local y deportiva, los grupos políticos, las redes y demás. Empieza a pensar en cómo tu participación podría hacer la dinámica de grupo más saludable y resiliente.

Crear comunidades que nos aporten lo que necesitamos

Algunas de las relaciones más enriquecedoras en mi vida surgieron porque tomé la decisión de dedicarles tiempo. En lugar de confiar en las relaciones familiares, laborales o derivadas de aficiones preexistentes, creé o participé en espacios donde la finalidad principal era cuidarnos los unos a los otros y amplificar el apoyo mutuo. Si las únicas relaciones en tu vida son familiares y laborales, te animo a buscar espacios de apoyo que prioricen la comunidad y el cuidado. Como ejemplo, dos en los que yo participo son el club de lectura y los grupos de ayuda mutua.

Hay muchas maneras de comenzar un club de lectura y, si los buscas, encontrarás cientos en línea. Al crear uno, el paso más importante que di fue decidir qué quería aprender y después buscar a las personas que quisieran hacerlo conmigo.

Todo comenzó porque un amigo y yo nos dimos cuenta de que necesitábamos una mejor comprensión de la teoría social. Buscamos listas de lectura en Google y elegimos una. Publicamos en redes sociales que íbamos a inaugurar un club de lectura y que todo el mundo era bienvenido. Acto seguido, creamos un grupo de WhatsApp para las personas interesadas. Finalmente, arrancamos.

Una vez revisada la árida lista de lectura de teóricos sociales que habíamos encontrado en internet, elaboramos una propia con libros de mujeres de color. Audre Lorde, bell hooks y Reni Eddo-Lodge se convirtieron en parte de nuestro entorno de aprendizaje. Nuestros mundos se enriquecían mientras nos deleitábamos con ese proceso educativo que habíamos decidido emprender juntos. Si todavía no sabes mucho sobre los efectos del clima, ¿por qué no inauguras un club de lectura con una lista de libros sobre cómo responder a la emergencia climática y medioambiental?

En los grupos de ayuda mutua aprendo que puedo sobrellevar la ansiedad que me provoca vivir en un mundo lleno de crisis. Son comunidades para la sanación colectiva y nada más, inspirados en los grupos de 12 pasos y otras formas de terapia grupal. Gobernados por reglas mutuamente acordadas (un límite de tres minutos para compartir, lo que se comparte en el grupo permanece en el grupo y no se dan consejos no solicitados una vez que se cierra el círculo), me siento con personas que he conocido en encuentros de una hora por semana y en los que nos escuchamos hablar.

Compartimos nuestros pensamientos sobre una lectura, un tema o simplemente decimos lo que necesitamos en ese momento, ese día. Escuchamos el dolor de otras personas y nos sentimos capaces de compartir las cosas que normalmente nos da miedo expresar. Toda esa honestidad nuestra crea un espacio aparentemente radical debido a la crudeza de las verdades personales que se verbalizan. Nos escuchamos unos a otros y cuando salimos del grupo nos sentimos conectados con las partes más delicadas de nuestra humanidad y de la de los otros miembros.

Si no tienes nada parecido a un club de lectura o un grupo de ayuda mutua en tu vida, y las redes de las que formas parte son más funcionales que sanadoras, entonces te animo a que busques uno de estos. Crea o encuentra uno ya establecido y comprueba si proporciona descanso a tu alma.

Nadie lo sabe todo, pero juntos sabemos mucho

Simon Sinek

Si tratamos de abordar la emergencia climática y medioambiental solos y toda a la vez, es probable que acabemos «quemados». Como individuos no podemos cambiar el mundo entero, pero podemos unirnos para crear vecindarios que faciliten el vivir de manera respetuosa con la tierra.

Nuestro reto es rediseñar las comunidades humanas de manera que estemos en sintonía con el mundo que nos rodea, y tener una visión sólida de lo buenos y enriquecedores que podrían ser estos vecindarios. Imagínate si el reciclaje consistiera en una simple recolección semanal —de plástico, vidrio, metal, papel, telas, madera y todos los desechos de jardín y alimentos— en la puerta de casa. Si tus paseos locales hasta prados de flores silvestres discurrieran por calles arboladas, bordeadas de biodiversidad. Si el transporte público fuera barato y de propiedad pública, y se nos recompensara económicamente por dejar de usar el coche y nos desplazáramos a pie en su lugar.

Seguramente hay personas en tu zona que están escribiendo al ayuntamiento con iniciativas como estas. Es posible que necesiten un poco más de poder popular para ganar. Tal vez estén esperando que alguien como tú los ayude. Si te involucras en acciones comunitarias, espero que descubras (como lo hice yo) que ganar campañas es solo una pequeña parte de la historia. Mejor que las victorias son las relaciones que se crean.

Cuando nos relacionamos con las personas directamente, de tú a tú, y entablamos conversaciones, creamos un espacio que nos permite descubrir que compartimos objetivos comunes. Como estrategia de sanación, darnos cuenta de que podemos unir fuerzas con personas que anhelan las mismas cosas que nosotros nos nutre de manera muy profunda.

La comunidad está justo al otro lado de la puerta de tu casa. Localmente, cuando algo se pone en marcha, muchas personas quieren involucrarse. Todos hacemos falta para crear comunidades resilientes y, como con la mayoría de las cosas, el paso más importante es el primero

Movilizarse por una causa

Hace unos diez años comencé a hacer tareas de movilización social en mi comunidad. Newham es uno de los distritos más desfavorecidos y diversos del Reino Unido. Me involucré en el barrio porque allí se ubica el Aeropuerto de la Ciudad de Londres que estaban intentando ampliar. Quería movilizar a la comunidad local contra su expansión.

Tengo una amiga tan preocupada por parar la ampliación del aeropuerto como yo. Se llama Alice y a lo largo de los años me ha enseñado mucho sobre coherencia. Cuando hace promesas, las cumple, lo que significa que tiene cuidado con lo que promete. Gracias a su ejemplo, finalmente me di cuenta: ya no prometo esa luna que no puedo conseguir, sino que soy cauta y solo ofrezco lo que sé que puedo dar.

En 2009, convencí a Alice para que fuera conmigo a llamar a las puertas de los vecinos de Newham. Preparamos un pequeño guión sobre los efectos negativos del aeropuerto y cartas de oposición que pedimos a los residentes que firmaran. También contábamos con una hoja de cálculo donde quienes quisieran involucrarse en la campaña podían apuntarse. Después de un fin de semana yendo puerta a puerta, teníamos más de cien firmas. En dos domicilios nos habían invitado a comer y beber algo. También nos dimos cuenta de que la expansión del aeropuerto no era una prioridad para esta comunidad. Querían servicios públicos, una mejor biblioteca, un parque donde sus hijos pudieran jugar, más trabajo y mayor capacitación.

Una maestra de escuela local nos puso en contacto con Amina, una exalumna suya que pensó que querría involucrarse. Conocimos a Julie, una madre soltera que vivía frente a la valla perimetral del aeropuerto y se convirtió en una de nuestras más vehementes (y brillantes) voluntarias. Cuando un centro comunitario local se enteró de lo que estábamos haciendo y nos ofreció un espacio como sede para nuestra organización, no nos lo podíamos creer.

De dos personas con el coraje y la energía para ir de puerta en puerta había surgido una iniciativa comunitaria local. La llamamos The Momentum Project. Todos los miércoles por la noche personas de la comunidad y sus hijos se reunían en el centro. Alzando la voz por encima del alboroto de los niños, intentábamos hacer planes para involucrar a más vecinos en nuestras campañas.

Ve hacia donde está la energía

Fue Amina quien hizo cantar a los niños. Ella es cantante profesional, así que se ofreció como voluntaria para formar un coro y mantenerlos entretenidos. De esta forma, en una de las salas del centro nacieron los Royal Docks Singstars. Bajo la dirección de Amina, los niños encontraron su propia voz y la usaron para cantar en el coro de la comunidad cada semana. Aprendieron a cantar en armonía, a dejar que otros lideraran y a unirse para un crescendo.

Amina es una profesora y organizadora extraordinaria. Escribió una canción con los niños llamada *Always Believe*, y verlos aprender y cantar palabras sobre su propia resiliencia y potencial fue realmente hermoso. Bajo su dirección, Royal Docks Singstars se convirtió en el coro que encabezó la conferencia TEDxNewham, participó en concursos de talentos en el Newham Mayor's Show y actuó en el escenario del Royal Festival Hall.

Mientras los niños cantaban, los padres no tenían que preocuparse por ellos y podían dedicarse a organizar campañas y compartían la comida entre ellos. Hicimos planes, construimos un jardín comunitario y reunimos miles de cartas de oposición al aeropuerto. La puerta de entrada de las casas de los vecinos había sido una barrera, pero pronto la convertimos en un umbral, un lugar para conversar e invitar a más acciones comunitarias.

En las calles que rodean el aeropuerto de la ciudad de Londres estábamos creando el tipo de energía comunitaria de la que siempre había querido formar parte. Me había involucrado con este vecindario por el cambio climático, concretamente para lanzar una campaña contra la expansión del Aeropuerto de la Ciudad de Londres, pero el auténtico poder curativo de la organización vecinal residía en que todos nos sentíamos menos solos.

Conocía a cada vez más personas en nuevos proyectos comunitarios. Parecía que The Momentum Project había abierto una compuerta y ahora estaban apareciendo otras iniciativas. La gente estaba descubriendo que, si pedían algo, existía la posibilidad de que se lo dieran. Cuando me cruzaba con otras personas y les sonreía, lo hacía cada vez más con la convicción de que, a pesar de nuestras diferentes procedencias, estábamos conectados por una visión y unos principios comunes.

Me sentí tan bien perteneciendo a un área local y a un grupo mixto de personas, que no tardé en mudarme desde la otra punta de Londres, Camden, hasta Newham, para poder participar más plenamente en la comunidad que estábamos creando.

El futuro del Aeropuerto de la Ciudad de Londres sigue sin resolverse. Desde que llamamos a las puertas de los vecinos en 2009, los planes de expansión han sido cancelados, aprobados y paralizados temporalmente. Se trata de un camino largo y difícil para un aeropuerto que parece cada vez más desfasado y fuera de lugar. Y mientras el Aeropuerto de la Ciudad de Londres lucha contra las limitaciones de su ubicación en el centro de la ciudad, el apoyo y las herramientas que encontramos al crear nuestra campaña perduran, ayudándome a entender qué es la comunidad y la resiliencia.

Con la acción, los sueños se hacen realidad

Durante mis años de activismo, son momentos como estos los que me han resultado más gratificantes; ser parte de un grupo que trabaja por un cambio importante sin dejar a nadie atrás. Nunca sucede de la noche a la mañana y se necesita algo de organización, pero con una acción vecinal constante podemos cambiar el lugar donde vivimos.

Una forma fácil de empezar es pasarse por el ayuntamiento. Pregunta qué están haciendo con respecto a la emergencia climática y medioambiental. Debería ser una de sus prioridades, así que usa la voz de tu comunidad para ayudarlos a ser más ambientalistas. Por lo general, nuestros gobiernos locales son receptivos a las demandas de sus electores (¡es decir, tú!). No cuesta mucho hacerles saber lo que te gustaría ver en tu barrio y presionarlos un poco para lograr después esos objetivos. Friends of the Earth creó una guía de 33 medidas que cada ayuntamiento podría poner en marcha para encaminarse hacia un futuro de cero emisiones.[3] Nos puede servir de inspiración para soñar cómo sería nuestro barrio si nuestros ayuntamientos estuvieran trabajando por el planeta y nuestro futuro. Cuando comenzamos a imaginar un futuro mejor a nivel local, podemos encontrar el coraje para exigir que se haga realidad.

Tu barrio podría servir de ejemplo para la resiliencia comunitaria y los vecindarios medioambientalistas. Desde autobuses eléctricos hasta espacio para ciclistas y peatones, desde proyectos de energía renovable, propiedad de la comunidad, hasta la desinversión en combustibles fósiles, desde renaturalizar nuestros espacios públicos hasta edificios energéticamente eficientes, podemos pedir nuestro barrio soñado.

Y si al ayuntamiento le cuesta moverse, entonces, unidos, podemos emprender acciones que guíen a nuestros representantes hacia decisiones políticas más saludables.

Reúnete con la comunidad

Hay personas en tu barrio que ya se están organizando, igual que hay personas en busca de la conexión y los objetivos de la organización comunitaria. Si no te atreves a emprender, echa un vistazo a las iniciativas ya existentes. Habrá grupos de Facebook de la comunidad local, encuentros mensuales para limpiar el barrio y otros grupos activos dedicados a movilizarse por el medio ambiente. No inventes la rueda; en su lugar, dedica tiempo a averiguar dónde puedes contribuir en aquello que está en marcha.

---

3   policy.friendsoftheearth.uk/insight/33-actions-local-authorities-can-take-climate
    -change

Organizar caminatas, cosechar alimentos, cocinar y usar la fuerza política del colectivo para sanar nuestro medio ambiente local. Juntos, nuestras voces pueden exigir cambios a los gobiernos locales y nacionales (así como a las empresas que dependen de nuestra capacidad como consumidores). Reunirnos con otras personas nos permite sanar ese aislamiento que se ha transformado en dolor en el seno de nuestra sociedad. También hace mucho más probable que consigamos transformar nuestro barrio en un mejor lugar para vivir.

Ten claro qué es lo que intentas cambiar

Lograr cosas juntos empodera. Tal poder es inalcanzable si actuamos solos. Es un poder que necesitamos avivar allá donde esté, y una forma de hacerlo es involucrarnos en campañas que podamos ganar. Márcate un límite de tiempo y celebra cualquier pequeña victoria en el camino. Convierte esas celebraciones en rituales. Reflexiona sobre qué os hizo ganar y comparte tus mejores estrategias con una audiencia lo más amplia posible para inspirar a otros organizadores.

Mantén un ritmo sostenible y adopta prácticas que aumenten la resiliencia de tu comunidad. De esta manera, en los momentos en los que parezca que nada cambia, podréis aferraros los unos a los otros y mantener el rumbo hasta que el peso de tu capacidad movilizadora prevalga y ocurran milagros.

Prioriza la comida, los rituales y la amistad

El equilibrio adecuado de la capacidad de movilización se consigue cuando el grupo y sus dinámicas son un objetivo tan importante como las actividades que el grupo realiza. Sí, queremos ser parte de una comunidad que mejore el mundo colectivamente —a través de la divulgación, el aprendizaje, las acciones y las campañas—, pero también queremos ser parte de una comunidad para cuidar y que nos cuiden, para sanar y ser sanados.

Comienza tus reuniones especificando su objetivo. Invita a los participantes a llevar un libro, un poema, una oración o canción de su elección para preparar el terreno al principio de cada reunión. La intimidad es aquello que ponemos en juego para poder fabricar confianza. Anima a las personas a abrirse y compartir cómo les ha ido ese día. Crea rituales que den un sentido de propósito y pertenencia a tus reuniones. Recuerda que en cualquier momento de la reunión puedes hacer una pausa para un pequeño descanso conjunto, para estirar y regresar del inquieto ritmo de tu mente a la paz de tu cuerpo

No subestimes el poder de cocinar y comer juntos. Incluye momentos así para estar juntos en la planificación de tu tiempo. La organización comunitaria no consiste únicamente en ganar campañas, sino también en construir un lugar en el que nos sintamos como en casa. Usa los rituales para honrar y hacer tangibles las conexiones entre nosotros. Honra las relaciones que estamos creando, porque nuestra cultura actual no lo hace suficientemente. Es algo muy importante que requiere compromiso y trabajo, así que haz que el amor y la gratitud mutuos se entremezclen en tu trabajo.

Si necesitas más apoyo local, sal y búscalo

Si echas de menos algo en tu barrio, cuéntaselo a la gente. Presionando al distrito, se pueden conseguir algunas cosas, pero otras las puedes crear por ti mismo con un pequeño grupo de personas. En mi barrio gestionamos un jardín comunitario, organizamos una recogida mensual de basura, un mercadillo y una marcha local del Orgullo una vez al año. Todas estas iniciativas cuentan ahora con el apoyo del distrito, pero comenzaron gracias a gente normal que ponía de su tiempo para hacer realidad una buena idea.

Esta actividad comunal ha convertido mi barrio en un lugar dinámico y amigable en el que sé que, si necesito algo, me ayudarán. Durante la pandemia de COVID-19 hemos pegado carteles en todas las puertas de nuestra calle y somos parte del grupo de ayuda mutua que compra y cocina para los vecinos más vulnerables. Vivir en un barrio en el que te sientes seguro porque sabes que la gente cuidará de ti es muy sanador.

Si tienes una petición y necesitas un cierto número de firmas para que el distrito tome nota, quizá puedas reunir a un grupo de personas para ir de puerta en puerta por parejas. El miedo a llamar a la puerta de un desconocido es una barrera interna que podemos superar. Las personas que viven en nuestras calles no siempre fueron extraños; eran nuestros vecinos. Necesitamos recuperar el vecindario y, si tienes una petición que podría mejorar el barrio, entonces les estás haciendo un favor al armarte de valor para llamar a su puerta.

Reuniones comunitarias

Comenzar a reimaginar nuestras comunidades, a salir y participar activamente de ellas no es fácil. Nada de esto sucede de un día para otro y, para hacerlo posible, hay que trabajar conjuntamente. Si queremos unir a las personas, apoyarnos unos a otros y aunar recursos, entonces debemos dejar de lado nuestros demonios y comenzar a trabajar para lograr nuestro yo más amable y colaborativo. Hay formas de prepararse para que ser y confiar en lo mejor de nosotros sea más fácil. El diseño de nuestras reuniones crea la cultura de nuestros grupos.

A lo largo de los años he sido parte de muchos grupos cuyas reuniones eran terribles. En consecuencia, dichas reuniones parecían chupar la energía en lugar inspirar y animar. Por el contrario, si comenzamos el encuentro pidiendo a los asistentes que nos cuenten cómo les está yendo el día, entonces arrancaremos con un aporte sincero de todos y cada uno de ellos. Compartir esos momentos de intimidad puede generar ternura en el seno del grupo.

Podemos alentar a las personas a liderar y conectar con su poder, siendo conscientes de lo rápido que el ego y el creerse en posesión de la verdad pueden marchitar una dinámica de grupo. Es preferible que sea el objetivo (en lugar del individuo) el centro de atención. Una dinámica de grupo que permite a una persona ocupar todo el espacio no es nada interesante. Necesitamos encontrar formas de seguir desinflando ese ego.

Aprendemos a facilitar de manera que todos podamos crear espacios de reunión sin necesidad de ser el centro. Practicamos la toma de decisiones por consenso para que todos seamos parte de y estemos comprometidos con las mismas.

Si nunca has facilitado una reunión, dedica un tiempo a ver formaciones en línea. Seeds for Change[4] es un recurso maravilloso para aprender a ser un gran facilitador. Convida a todos a definir y poner en marcha de forma conjunta reglas básicas como, por ejemplo, un límite de tiempo para cada intervención, un calendario de actividades claro que se comprometan a cumplir, un tiempo extra para otros temas y un sistema en el que las personas que quieran hablar levanten la mano para pedir la palabra e intervengan en orden.

En tus reuniones, da la bienvenida a las personas que asisten por primera vez, averigua qué han venido a hacer,

---

4   www.seedsforchange.org.uk/resources

y deja que lo hagan. Ve recordando las reglas básicas para que todos tengan la oportunidad de hablar y muchas oportunidades de escuchar. Deja que el grupo se guíe por el propósito compartido más que por alguna idea fija en tu cabeza de lo que deberías estar haciendo. Y no dejes de preguntar cómo hacer del trabajo conjunto una práctica de sanación.

Protege tus límites

Todos padecemos esas voces negativas que invaden nuestra mente y nos dicen que somos impostores, que no encajamos y que no hay forma de que podamos cambiar el mundo. A veces sentimos que nada de lo que hacemos es suficiente o que lo estamos haciendo todo nosotros y nadie nos lo reconoce. Nuestras deficiencias o nuestra frustración se convierten en la voz más fuerte en nuestra cabeza.

Como no podemos soportar estos sentimientos, tiramos la toalla y nos damos por vencidos o nos volvemos los unos contra los otros, chismorreamos y hablamos negativamente. Comenzamos a juzgar a aquellos que no van a nuestro ritmo. En esos momentos (que llegarán), tenemos que darnos cuenta de que estamos actuando en nombre de esas voces mezquinas y críticas en nuestra cabeza. Cuando llegamos a este punto, hay que parar.

Necesitamos ser muy delicados con todos los sentimientos que provoca trabajar junto a otras personas, tanto en nosotros mismos como en los demás. Tendremos que convertirnos en expertos en respetar el espacio de cada uno y trabajar juntos. Es un ejercicio emocional que nos permitirá crear un lugar donde unirnos y sanar. Nuestra resiliencia futura se construirá en esos espacios. Mantener una dinámica de grupo saludable y que ayude a avanzar no es trabajo de una única persona. Todos tenemos que arrimar el hombro, sabiendo que estamos seguros dentro de nuestras propias fronteras.

Estas estrategias de sanación nos ayudarán a estar, y trabajar, juntos. Al cuidarnos a nosotros mismos mostramos a los demás que está bien que se cuiden a sí mismos. Creamos espacios comunes de los que nos encanta formar parte y juntos comenzamos a hacer de nuestros barrios un mejor lugar para vivir. Después, cuando esas comunidades resilientes que intentamos crear comiencen a conectar, estaremos a mitad de camino.

6
¿Qué se siente al ganar?

Nuestras luchas son particulares, pero no estamos solos.

Audre Lorde, *Sister Outsider*

En la organización comunitaria no hay una medalla de oro en juego. Por el contrario, a medida que nuestra área local se convierte en un lugar más hospitalario y verde, todos ganamos. Vivimos la experiencia práctica de sentirnos vinculados con nuestros vecinos, sabiendo que nuestro bienestar está vinculado al suyo. No es el éxito embriagador de jugárselo todo a una victoria, sino un lento viaje junto con otras personas para enriquecer a la comunidad.

Se trata de un trabajo profundamente contracultural. Nos desprendemos del ego y el culto al individuo, y nos centramos en el servicio y la acción colectivos y las victorias compartidas. Hay momentos de celebración en el camino, pero no todo es fácil ni liviano. Nos volvemos más resistentes porque también estamos compartiendo (y aprendiendo a lidiar con) la tristeza, la frustración y el dolor. Nuestras victorias no son un momento o una lucha triunfal, sino alejarnos del individualismo y acercarnos al entramado de una comunidad resiliente.

Mejores profesores

Las personas con discapacidad somos expertas en encontrar nuevas formas de hacer las cosas cuando las viejas no funcionan. Somos un enorme *think tank* a la vista de todos. Un pozo sin fondo de ingenio y creatividad.

Riva Lehrer

Las personas que sobreviven en condiciones imposibles nos demuestran que podemos hacer realidad cosas que nos dijeron que eran igualmente imposibles. Fijándonos en la experiencia y la sabiduría de las personas con discapacidad, las personas BIPOC (por sus siglas en inglés, negras, indígenas, de color), los supervivientes del racismo, la xenofobia, la discriminación de género, la homofobia y la pobreza, aprendemos a vivir más allá de los sistemas que tenemos en este momento.

Cuando interiorizamos estrategias de autocuidado y de apoyo comunitario, es importante recordar que para las comunidades marginadas que las desarrollaron por primera vez fueron una cuestión de supervivencia.

Las personas que han sido rechazadas por el *statu quo* encuentran muchas formas creativas de sanar el trauma que representa no encajar. Creamos contraculturas cuyas ambiciones se sitúan fuera de lo que la sociedad considera triunfar. En lugar de priorizar el éxito individualista, estas culturas alternativas valoran y desarrollan ricas redes de apoyo, comunidad, amistad y conexión.

Tenemos mucho que aprender de aquellas personas que, en un mundo de patriarcado, capitalismo y supremacía blanca, nunca hubieran podido ser «ganadores». Y, como nunca lo iban a ser, crearon un juego y unas reglas diferentes para la vida. Reglas como rechazar el perfeccionismo, construir comunidad más allá de la familia inmediata y aprender a descansar (para poder seguir luchando por sus vidas al día siguiente). Las feministas negras, las personas con discapacidad y las personas trans son pioneras en nuevos mundos porque cuando el mundo que conocemos las rechazó, ellas rechazaron la práctica de la dominación.

Libertad de elección

Reconoceremos a una comunidad de éxito por las sensaciones que transmite. No hay coerción, sino que la gente se siente atraída hacia ella porque es un buen lugar en el que estar. En lugar de preguntar qué podemos obtener de ella, nos adherimos porque tenemos habilidades que sabemos que son útiles.

Juntos exploramos nuestras habilidades. Ofrecemos lo que tenemos. Hacemos lo que podemos, no lo que creemos que deberíamos hacer. Reconocemos aquellas necesidades de la comunidad que podemos satisfacer. Es una lista interminable: consolar, tomar la mano de alguien, cocinar o servir comida; proporcionar un espacio donde la gente pueda reunirse, traducir el boletín de la comunidad o las publicaciones de Facebook a otros idiomas para que lleguen a todos los vecinos.

El momento de la victoria no existe. Descubrimos que, en base a las escalas de medición del capitalismo, nunca ganaremos, así que construimos un modelo de éxito diferente. Nos preguntamos si nos está enriqueciendo. Nos preguntamos si hay una mayor confianza en nuestro barrio. ¿Vamos en dirección a un mundo más amable y resiliente? Escuchamos y seguimos a nuestros corazones. Construimos comunidad allá donde la encontramos y donde la hemos añorado durante años.

Cómo un pequeño grupo puede mejorar un lugar

Si te has puesto en contacto con el distrito, pero no se está moviendo, aquí hay cinco pasos que te pueden ayudar a crear una campaña irrebatible.

1. **Identifica lo que ya existe.** Reúne los datos de todas las organizaciones comunales activas en tu zona, desde partidos políticos hasta grupos de base, grupos de padres y madres y organizaciones religiosas. Usa Google y las redes sociales para obtener los contactos de todos los que se están organizando localmente.

2. **Busca una campaña que resulte atractiva para una audiencia amplia y que puedas ganar.** Tanto si vas a apoyar una campaña que ya existe como si vas a proponer una nueva a favor o en contra de algo en tu vecindario, asegúrate de que tenga sentido común. ¿Quién toma las decisiones (es decir, a quién va dirigida tu campaña) y qué le estás pidiendo que haga exactamente?

3. **Comunícate con los organizadores comunales activos y las organizaciones** que identificaste en el paso 1. Invítalos mediante una breve carta a que apoyen tu campaña y pide acceso a sus miembros para poder hablarles o escribirles directamente. Realiza un seguimiento de tu invitación escrita con una llamada telefónica o una solicitud para veros cara a cara.

4. **Busca el apoyo de la comunidad** a través de peticiones, campañas de envío de cartas y llamativas acciones de protesta. Estas son las herramientas que podemos utilizar para ganar campañas. Cada vez que las utilices,

reúne a tu comunidad, comparte lo que estás haciendo a través de redes sociales y envía fotos con pies de foto a los medios locales.

5. **Averigua qué ritmo es bueno para tu comunidad y mantenlo.** Trata de no perder la concentración y no te olvides de celebrar, en tu casa, en tu comunidad y a través de las redes sociales, cada momento de tu campaña. Ejerce una presión constante sobre los responsables de la toma de decisiones. Recordarles que son responsables ante la comunidad ya es una victoria.

Ser feliz es bueno para el mundo: mostramos y animamos a transitar un camino sin estrés, dudas, dolor, victimización y sufrimiento. Hay un camino donde todo es aprender, jugar, practicar, donde todo es fácil y liviano.

—

adrienne maree brown, *Activismo del placer*

TIERRA

7
El árbol hueco

En el centro de Hampstead Heath hay un árbol hueco. No conocí este árbol hasta que me lo mostraron en 2020 —año en que todos nos familiarizamos con los espacios verdes de nuestras ciudades—. Mi amiga Shelley me llevó hasta él. Shelley no es solo mi amiga. Es, también, mi guía espiritual. Yo la llamo Yoda y ella se ríe y luego me envía la tira de memes de *Star Wars*. Sabe cuánto me gustan los árboles, así que me sugirió que fuéramos a buscar el árbol hueco en Hampstead Heath, el parque más grande y salvaje de Londres.

El otoño llegaba a su fin y los árboles se estaban desprendiendo de su follaje. Las hojas rojas y ocres quedaban aplastadas en el barro, marrón y espeso. Las lombrices se abrían camino a través del mantillo y en el suelo húmedo del bosque brotaban miles de hongos. Nuestras botas estaban llenas de lodo, del que nos intentábamos liberar a cada paso, recordando mirar hacia arriba mientras nos tambaleábamos.

Avanzamos con lentitud. Me gusta caminar rápido, pero con Shelley no hay opción. Con cada paso se adentra en un nuevo y maravilloso mundo, y se toma su tiempo para disfrutar de todo lo que puede ver desde esa nueva perspectiva. Cuando estoy a su lado, no puedo tener prisa, y poco a poco lo que era un ritmo desesperadamente lento se convierte en una experiencia meditativa. Me permito estar en la naturaleza, no de paso, sino simplemente estar. Era uno de esos días claros de otoño en los que el sol cuelga bajo y anaranjado, y el cielo está especialmente azul. Las ramas casi desnudas de los árboles dejan que la luz llegue hasta el sotobosque. Quedan a la vista las ramas que se elevan en busca de más sol, las sombras proyectadas por las grietas en la corteza de los árboles y el musgo en la cara sur de los troncos, donde no llega la luz del sol.

Al llegar al árbol hueco, nos acercamos a él como si fuera un altar. Estaba en medio de un camino medianamente transitado, pero durante el tiempo que estuvimos allí no vimos a nadie. Desde cada ángulo el árbol parecía completamente diferente. Lo rodeamos, siguiendo su curva exterior; la corteza suave y fuerte daba paso a protuberancias nudosas que parecían los rasgos distorsionados de una gárgola. Nos acercamos y lo rodeamos con nuestros brazos en un abrazo. La circunferencia de este roble es tan grande que nuestros dos pares de brazos entrelazados no conseguían rodearlo.

Shelley me dijo que me metiera dentro, mencionando entre risas un rumor que había oído sobre quince personas borrachas que, se decía, habían quedado atrapadas en su interior. Me agarré a la corteza, tocando con los dedos el liso barniz de su interior. Cogí impulso y me metí en el árbol. La madera en el interior era como una escultura, con formas intrincadas y brillantes como si hubiera sido pulida. Con las yemas de mis dedos descubrí diferentes texturas y una sensación de bienestar que me hubiera permitido quedarme ahí durante años. Fuera, Shelley colocó sus manos en el tronco y juntas dijimos: «Gracias, árbol hueco».

8
Cómo enamorarse de la tierra

El universo es el autorretrato de Dios.

Octavia E. Butler, verso de «Semilla terrestre», de *La parábola del sembrador*

Cuando estemos listos para aprender, la naturaleza nos enseñará todo lo que necesitamos saber sobre cómo relacionarnos los unos con los otros, con la tierra y con nosotros mismos. Cuando estemos listos, la tierra nos mostrará cómo sanar.

La naturaleza moribunda crea nuevos ecosistemas. Los árboles muertos proporcionan hábitat, reciclan nutrientes, regeneran plantas, capturan carbono y mantienen el suelo húmedo. La naturaleza es exuberante y sus diferentes elementos danzan dentro de ella en armonía y reciprocidad. Cuando la naturaleza está al mando, todo es lo que es y exactamente lo que debería ser.

Por mucho que pensemos en cómo salir de ella, nosotros también somos criaturas naturales. Nos rebelamos ante ello, agobiados como estamos por nuestros inquietos cerebros. Hemos ejercido nuestro poder colectivo para dominarlo todo, incluida nuestra tierra.

Hay mucho que volver a aprender y recordar de la naturaleza. La tierra sigue siendo, incluso a día de hoy, tremendamente rica. Si dejáramos de malgastar, celebráramos la generosidad y condenáramos la codicia, un mundo de abundancia sería imaginable. No está tan lejos. El paso más grande para llegar hasta ahí consiste en dejar de intentar someter la naturaleza a nuestros temores de escasez y, en su lugar, abrirnos a sus patrones de abundancia.

Adopta la visión a largo plazo

Los hábitos en los que estamos atrapados comienzan a parecernos callejones sin salida. La naturaleza se abre paso a través de ellos y nos proporciona prácticas curativas milenarias como la aceptación del cambio, la curiosidad, la interdependencia, la resiliencia y la paciencia. Todos podemos asemejarnos más al bulbo en invierno, aceptando y respetando las estaciones y confiando en la llegada de una nueva y hermosa vida.

Podemos tomar como referentes a la tierra y a aquellas personas que no han desvinculado su inteligencia de la sabiduría de la tierra. Durante miles de años, los pueblos indígenas han gestionado nuestro planeta. Según un artículo de National Geographic, dichos pueblos constituyen menos del 5 % de la población mundial, pero la tierra que habitan sustenta más del 80 % de la biodiversidad mundial. Allá donde han vivido los pueblos indígenas, la naturaleza ha seguido prosperando. Deberíamos escuchar su filosofía y amplificarla a través de todas nuestras culturas, ya sea en entornos urbanos o rurales. Necesitamos aprender de los pueblos indígenas para dejar de agredir a la biodiversidad y restablecer una relación equilibrada con nuestro planeta.

«El principio de la séptima generación» es una de las filosofías nativas americanas más repetidas. Se basa en la Gran Ley de Paz (*Gayanashagowa*) *Haudenosaunee* (iroquesa). Establece que las decisiones que tomemos sobre nuestra vida actual han de tener en cuenta cómo afectarán a las próximas siete generaciones. Si podemos ponerlo en práctica, seremos buenos cuidadores de la tierra, no solo en beneficio propio, sino también en el de aquellos que heredarán la tierra y los resultados de nuestras decisiones. Siete generaciones están a unos 140 años de distancia. Desde ahora y hasta entonces innumerables personas tomarán innumerables decisiones, todas ellas en un intento de lograr una vida que valga la pena vivir.

La finalidad de todas estas vidas cambiará a medida que nuevas presiones entren en juego y las viejas se diluyan. Necesitaremos resintonizarnos cuidadosamente para orientar nuestras vidas en vistas al cuidado de esos futuros descendientes y aprender de las personas cuyos caminos son cauces de respeto por la tierra.

Magia micológica

Mucho antes de que los humanos fueran apenas un destello en el ojo de la evolución, hongos gigantes de hasta ocho metros de altura se levantaban en la tierra. Los hongos evolucionaron hace unos 1.300 millones de años, más de 500 millones de años antes que árboles y otras plantas. Son antiguos y están en todas partes, descomponiendo la materia orgánica y transformándola en cosas que pueden ser utilizadas por otras especies.

Los hongos que comemos son solo una pequeña parte visible de los organismos de este tipo. El resto, en gran parte invisible a nuestros ojos, es micelio: una red de finos filamentos blancos que existen como hilos en la tierra debajo de todo. Cada vez que un organismo muere, estos hilos se lo tragan y lo descomponen. Sucede con cada hoja, cada insecto y cada árbol caído; todo lo que se descompone dando lugar a los nutrientes que el suelo necesita para alimentarse.

El micelio se reproduce por sí solo mediante la creación de esporas. A medida que crece, se encuentra con otra red de micelios con la que se conecta. Lo que sucede entonces es mágico, inteligente y —para la humanidad— bastante inexplicable. Los micelios comparten información sobre el entorno en el que han crecido. A través de este intercambio de información, los árboles y las plantas que han echado raíces en el micelio hablan entre sí. Se envían señales para ayudarse a crecer mutuamente, compartir información sobre dónde hay enfermedad y alentarse a prosperar.

Estas redes micélicas han estado conectando a todos los seres vivos en su raíz durante cientos de millones de años. Esto es algo que me encanta porque, cuando camino en la naturaleza y me siento atraída hacia un árbol, disfruto imaginando sus raíces conectadas a una red de micelio bajo el suelo. ¿Transmiten las raíces mi presencia a los micelios subterráneos en los que toda planta viva está enraizada? Estudiar la inteligencia de la naturaleza es para mí una de las muchas formas de respeto hacia la riqueza de la tierra que piso. Quiero saber más para valorarla más. Todos somos parte de esta extraordinaria inteligencia en perpetuo crecimiento. En aquellos momentos en los que me inunda la desesperación por cómo resultarán nuestras vidas y cuál será el legado de nuestra especie, me tranquiliza recordar mi lugar en la naturaleza. Estudiar cualquier especie —hongos, abejas, mariposas o algas— nos permite descubrir cien intrincadas lecciones sobre cómo encajar en el planeta. Nosotros también somos naturaleza, y la insatisfacción que nos genera la emergencia climática y medioambiental que ha causado nuestra especie abre un camino que nos permite contribuir mejor al proceso de curación de la naturaleza.

Dejemos en paz a la naturaleza

Dejar tranquila a la naturaleza es una forma de ayudarla a sanar. Ahora se sabe lo importante que es renaturalizar para la regeneración de la tierra. Es un proceso que se basa en la hipótesis de que la naturaleza salvaje, libre de interferencias humanas, es más resistente, ingeniosa y creativa de lo que nuestra pequeña imaginación puede llegar a concebir.

Esta hipótesis está siendo contrastada tanto en Parques Nacionales como en nuestros jardines particulares. Uno de los primeros y más conocidos ejemplos es la reintroducción en 1995 de lobos en el Parque Nacional de Yellowstone (Wyoming). El parque estaba invadido por alces que, sin apenas depredadores naturales, se habían comido gran parte de la vegetación del parque. Cuando los lobos llegaron, se comieron algunos alces, lo que permitió que los árboles volvieran a crecer. Esto desencadenó una serie de eventos que llevaron a una mayor abundancia y diversidad de vida en el parque.

A menor escala, los céspedes tan meticulosamente mantenidos en nuestros jardines son desiertos de biodiversidad, pero, si los dejamos en paz, cortando con menos frecuencia y dejando que crezcan más (diez centímetros es suficiente), se convierten a una velocidad extraordinaria en prados de flores silvestres que nutren a insectos y polinizadores.

La resilvestración no consiste en eliminar al ser humano de escena. Se trata más bien de cambiar nuestra relación con la naturaleza y crear una asociación activa donde intervenimos únicamente para permitir la máxima riqueza del ecosistema. Podemos ayudar creando las condiciones adecuadas: eliminando diques y presas para liberar ríos, reduciendo la gestión activa de la vida silvestre, permitiendo la regeneración natural de los bosques y reintroduciendo especies que han desaparecido como resultado de la acción humana. Luego damos un paso atrás y dejamos que la naturaleza se gestione a sí misma, porque en cuestiones de supervivencia y autogobierno, nadie sabe más que ella.

Isabella Tree es una pionera en resilvestración. Dejó que su granja en el Sussex rural volviera a su estado natural, y se convirtió así en una defensora del florecimiento de la naturaleza y las especies en riesgo de extinción que había podido observar. Escribió un libro sobre su granja, *Wilding*, que nos ofrece el punto de vista de una mujer cuyo viaje a la naturaleza le procuró la paz y la humildad de identificar su lugar en ella.

Isabella escribe:

> *El sonido de una sola mariposa es imperceptible, pero decenas de miles tienen un aliento propio, como la corriente trasera de una cascada o un frente meteorológico que va en aumento. Parece como si el susurro oscilante de sus alas al batir, contribuyendo con tesón a su longitud de onda sobrenatural, pudiera disolver el mundo en átomos.*

Añoro esa abundancia de la naturaleza que describe Isabella Tree. En entornos naturales, quiero que mis sentidos estén totalmente despiertos a lo que los rodea. Para ello, necesito desarrollar prácticas de sanación que calmen mi mente y me abran al poder que fluye por toda la naturaleza.

9
Calma la mente y percibe milagros

> Olvidar cómo excavar y cuidar la tierra es olvidarnos de nosotros mismos.
>
> —
>
> Mahatma Gandhi

A medida que nos acercamos al final del libro, me gustaría compartir algunos hábitos prácticos: cosas que hago diariamente y me mantienen sensible a la naturaleza. Son estrategias de sanación que utilizo para poder conectarme más fácilmente con la tierra. Herramientas que me ayudan a calmar el ruido en mi cabeza y permanecer alerta, consciente y despierta a toda la magia del mundo natural. No es una lista indivisible, así que toma aquello que te convenga y continua probando por ti mismo nuevas prácticas que puedes añadir después a tu propio kit de estrategias de curación.

Sé agradecido

Cuando escribo con constancia mi lista de gratitud de diez puntos, busco y tomo nota de esos momentos del día por los que puedo estar agradecida. Mientras lo escribo físicamente, unos minutos cada día, valoro los más simples placeres y privilegios de los que disfruto. Me congratulo por las cosas buenas que han sucedido ese día. Me doy cuenta de todas las cosas maravillosas que pueden suceder en cualquier momento, y el haberme entrenado a mí misma para percibirlo hace que sea más probable que vaya hacia ellas y las celebre.

Escribir una lista de agradecimiento no es complicado. Es tan fácil como fijarse en lo que uno ha comido o lo que ha visto durante un paseo. Puede incluir desde la climatización de la propia casa, hasta haber dormido bien la pasada noche o apreciar esas flores recogidas para uno mismo. Escribirlo puede animarnos a llamar a alguien por teléfono y mantener una conversación durante la cual digamos algo por lo que, después, podamos a su vez estar agradecidos.

Uno comienza a adquirir la práctica de algo cuando se compromete a probarlo una vez. Haz de esta la noche en que intentes escribir tu primera carta de agradecimiento.

Descubre a través de la escritura

Me escribo a mí misma constantemente. En su libro *El camino del artista*, Julia Cameron recomienda escribir tres páginas cada mañana para sacar el ruido de nuestra cabeza. Si coges la costumbre diaria de escribir cómo te sientes, es probable que reconozcas patrones y des pie a comprometerte con planes, esperanzas y oraciones. Escribir es una herramienta poderosa que te obliga a reducir la velocidad y averiguar cómo estás.

Cuanto más tiempo me doy para procesar con calma mis emociones, mejor me siento. Con menos ruido en mi cabeza puedo estar más presente en el mundo que me rodea. Dicho esto, rara vez escribo tres páginas por la mañana. Mis patrones a la hora de escribir cambian constantemente. A veces todo va a favor: me siento tranquila y escribo sobre mi jornada cada día, me felicito por mis logros e identifico comportamientos que superar.

En otras ocasiones lo hago con poca frecuencia y escribo citas llenas de significado para mí o creo pequeños rituales vinculados a la luna nueva, al año nuevo o cualquier momento que pueda llenar de significado. En esos momentos importantes escribo sobre lo que me gustaría dejar atrás y lo que me gustaría llevar conmigo para crecer.

Siéntate y respira

Deberías sentarte a meditar durante veinte minutos cada día, a menos que estés demasiado ocupado; en ese caso, deberías sentarte durante una hora.

—

Proverbio zen

Odio meditar. Aun así, lo hago todos los días. Cuando comencé, programaba la alarma para que sonara al cabo de dos minutos, me sentaba inmóvil y respiraba. Con el paso de los años he ido añadiendo minutos y ahora medito veinte minutos cada mañana.

Cuando me despierto, antes de coger el teléfono, de ir al baño, de tomar un vaso de agua o de cualquier otra cosa, pongo la espalda contra el cabecero de la cama, cruzo las piernas y respiro. Si mi cabeza está ocupada con pensamientos, intento desprenderme de ellos.

Relajo los músculos de la cara, desde la parte superior del cráneo hacia abajo. Escaneo mi cuerpo y le digo a cada parte, órgano y átomo que se relaje. Comienzo por la piel tensada alrededor del cráneo, la tensión en las sienes, todos los músculos alrededor de la nariz, mejillas, cuencas oculares, lengua, garganta y hombros. Repaso cada pequeña porción de mi cuerpo y le digo muy específicamente que se abandone, que se suelte y conozca la paz.

A continuación, imagino un hilo dorado que sale de la parte superior de mi cabeza y estira mi espina vertebral haciendo que esté recta. Sé que puedo relajarme porque ese hilo dorado me sostiene. Respiro. Y entonces, si me inundan los pensamientos, me digo que mi mente es un enorme cielo azul. Imagino el cielo en la parte posterior de mi cabeza, expandiéndose detrás y más allá de mí. Me digo que estos pensamientos que llegan a mi mente, a ese paisaje celeste azul, son nubes que están de paso. Y dejo que pasen.

Espero meditar cada vez más porque sé que me proporciona el espacio alrededor de mis pensamientos para poder actuar en lugar de reaccionar. Me doy cuenta de cuáles son mis impulsos y de qué puede estar provocándolos. Hago una pausa antes de decidir qué quiero hacer. No sé cómo dejar de meditar afectaría mis niveles de ansiedad y tampoco quiero saberlo. La meditación es ese momento de paz que, gracias a un compromiso diario, me he acostumbrado a encontrar. Es esa fuerza suave sobre la que se construye el resto de mi día.

No hay una manera incorrecta o correcta de meditar. Existe gran cantidad de información orientativa para ayudarte a comenzar. Espero que encuentres tu espacio para sentarte en quietud y respirar.

Apaga el teléfono

> «Ten cuidado con las historias que lees o cuentas; sutilmente, por la noche, bajo las aguas de la conciencia, están alterando tu mundo.»

Ben Okri

Si constantemente estás navegando por las redes sociales o actualizando sitios de noticias, quizá sea hora de hacer una desintoxicación de dispositivos. Yo no lo consigo muy a menudo, pero es cierto que mis mejores fines de semana son aquellos en los que dejo mi teléfono en un cajón. Me impongo un montón de reglas sobre la utilización del teléfono porque, de lo contrario, enseguida me paso todo el día con él en la mano, distrayéndome de la vida que está discurriendo delante de mí. Para protegerme de esto, diariamente tengo momentos destinados a mirar el móvil y el resto del tiempo trato de dejarlo en paz.

Por lo que he podido deducir, la inmediatez de los teléfonos y otros dispositivos tiene algunos aspectos muy positivos. En cualquier lugar se pueden convertir en una biblioteca en la que elegir un tema y una persona que nos instruya al respecto. También nos permiten tener a nuestra comunidad a mano día y noche.

No hay duda de que las herramientas que facilitan la educación y la conectividad son excelentes, pero no tengo claro si estos dispositivos ofrecen realmente eso. Aprender y conectarse requiere tiempo y atención. Es difícil hacer bien ninguna de las dos cosas con nuestros cuerpos en cualquier lugar (en el baño, esperando el autobús, jugando con los niños o cocinando para ellos sin demasiado entusiasmo). Las aplicaciones prometen mucho más de lo que dan y es importante que nuestra dependencia de ellas no vaya más allá de lo que pueden ofrecer.

Ha habido momentos en los que he disfrutado educándome a través de mi teléfono, pero el aprendizaje real tiene lugar cuando tomo esos temas que encuentro en mi móvil y me concentro en ellos con una actitud de estudio en otro lugar. Del mismo modo, la conexión que prometen las aplicaciones no coincide con la realidad. Desplazarme con el dedo por las fotos de mis amigos, más que conectarme con ellos, hace que envidie sus vidas. Hay mejores maneras de usar mi teléfono para conectarme. Llamar a alguien que me importa y preguntarle cómo está me lleva a salir de mí y a que pueda sumergirme en su mundo por un momento, o que podamos hacer planes aún mejores como reunirnos a final de semana para dar un paseo.

Sal

Escucha el canto de los pájaros. Estírate en la hierba cálida y observa cómo pasan las nubes. Recoge una hoja y ve a buscar el árbol del que cayó. Rodea ese árbol con los brazos y siente cómo te sujeta. Quédate quieto. Quítate los zapatos y camina descalzo sobre la tierra. Sal. Sorpréndete. Recuerda que, pase lo que pase, siempre puedes salir a la calle. Podemos salir de una situación y entrar en algo nuevo e inmenso. Disfrutar de una nueva perspectiva es una bendición que nos espera al otro lado de la puerta de nuestra casa. Hay naturaleza, animales no humanos y un cielo infinito.

Necesito salir a la naturaleza al menos una vez al día. A veces estoy demasiado ocupada y el mundo entero se hace tan pequeño como aquello que me mantiene agitada. Si en ese momento soy capaz de darme cuenta, con rapidez, de que tengo que salir, entonces consigo salvarme de acabar perdida en mi propia mente. Uso mi cuerpo en lugar de mi mente. Camino. Corro, me estiro, bailo y me río como una idiota en el parque al lado de mi casa.

Optimismo riguroso

Nos dirigimos por el carril rápido hacia la distopía, y hará falta un milagro para sacarnos de ahí. Y ese milagro es, por supuesto, la voluntad colectiva.

El dilema social, documental de Netflix

Siempre que puedo, intento hacerme dos preguntas:
«¿Cómo puedo ayudar?» y
«¿Cómo puedo mejorar este momento?»
Cuando me hago estas preguntas y permito que la curiosidad descubra las respuestas, la vida cobra sentido porque

tengo una meta clara más allá de salirme con la mía. Formar parte de comunidades que se hacen estas preguntas a gran escala —«¿Qué podemos hacer para ayudar? ¿Cómo podemos hacer que este momento sea mejor?»— significa trabajar con otras personas para dar forma a un futuro mejor del que tenemos en este momento.

La esperanza que siento cuando hago esta tarea no es una ilusión. Me siento mejor porque pertenezco a algo y veo cómo se propagan los beneficios de nuestro trabajo. Cuidar a nuestros vecinos hace que nos sintamos mejor. Nos nutrimos cuidando a los demás. En comunidad, compartimos la trabajada creencia de que actuar más allá de la propia satisfacción hace que sucedan cosas sorprendentes y buenas. Sé, por propia experiencia, que es cierto. Hacemos lo que hacemos y, así, generamos una determinada aura psicológica a nuestro alrededor; una optimista, compasiva y comprometida a arrimar el hombro.

Cuando mi perspectiva es esperanzadora y fluyo con facilidad, mi actitud afecta a otras personas. Formo y me informo a través de las personas que me rodean y con los ejemplos de sus vidas. Que tenemos capacidad de influir en otras personas es una verdad poderosa. Es una influencia que quiero ejercer de forma responsable y amable.

El valor del poder de nuestra influencia, más que con logros individuales, tiene que ver con cómo actuamos comunitariamente. En lugar de pensar en cosas que aún no hemos logrado o realidades que no han sucedido, prestamos atención a lo que está sucediendo en este momento y aplicamos en ello el riguroso credo, surgido de nuestra experiencia compartida, de que las cosas funcionan cuando estamos ahí para el otro.

Al preguntarnos qué más podemos hacer, nuestro optimismo aumenta. Sustituimos la culpa y las quejas con acciones conectadas y positivas y, cuando nos movemos juntos, ponemos a nuestro alcance realidades inimaginables.

Una carta de tu yo futuro

Esta es la herramienta que transformó mi vida. Cambió mis prioridades porque me permitió ver claramente qué era lo que más quería. También me ayudó a pensar en cómo vincular esas cosas de manera duradera. Si hasta el momento no te has parado a poner en práctica ninguna de las sugerencias de este libro, por favor, hazlo ahora. Es un muy buen regalo que hacerte a ti mismo.

Siéntate en un lugar tranquilo y cómodo, bolígrafo y papel en mano, e imagínate a ti mismo con ochenta años. Imagina con detalle lo que te rodea y el tipo de vida que has llevado. Ese yo de ochenta años que estás imaginando ha conseguido vivir su mejor vida. Imagina en qué situación estarías, ¿a quién tienes cerca y dónde vives exactamente?

¿Qué has tenido que hacer para construir esa realidad y para hacer del mundo el lugar donde esa persona imaginaria de ochenta años está tan satisfecha? Imagínate exactamente dónde te gustaría estar. Pinta con tu imaginación, completa todos los detalles: qué has desayunado, cómo pasas tus días y cómo has llegado a construir una vida tan hermosa partiendo de tu situación actual. ¿Cuáles son las cosas más importantes de tu vida? ¿Y qué has dejado atrás?

Ahora escribe una carta de tu yo de ochenta años a tu yo actual. Agradece a tu yo presente todas las decisiones y los caminos que tomó que te han llevado a estar sentado donde estás. Describe la persona en la que te has convertido, las personas que te rodean, las comunidades de las que formas parte y el mundo en el que vives. Agradece a tu yo actual las acciones que llevó a cabo, entre ahora y entonces, que hicieron que la vida que deseabas sucediera.

**Son tiempos
para hacer crecer
nuestras almas.**

—

Grace Lee Boggs

Epílogo: prometo

Levantamos la mirada no ante lo que nos separa, sino ante lo que tenemos delante.

—

Amanda Gorman, *La colina que subimos*

Hace muchos años participé en una protesta frente a una mina de carbón a cielo abierto en el norte de Alemania. Vivía en Berlín y quería participar en algo que me conectara con la lucha contra las industrias de combustibles fósiles. Cuando llegué al lugar de la protesta, cerca del bosque en el que se escondía la cerca perimetral de la mina, me pusieron en un grupo con cinco desconocidos. Al parecer éramos las únicas personas que habían acudido solas a la protesta, así que nos mantuvimos unidas mientras la multitud se ponía en marcha.

Éramos seis personas caminando con otros cientos que se disponían a entrar en una mina de carbón a cielo abierto. Seguimos a activistas que charlaban en diferentes idiomas, rodeados de la tranquilidad que caracteriza a los bosques primigenios. La arboleda continuaba colina arriba, así que dejamos el camino y trepamos hasta la cima. Cuando dejamos atrás la masa forestal y emergimos sobre la cresta, contuvimos la respiración frente a la tierra asolada que se extendía hasta el horizonte.

Todavía estaba con la gente nueva que acababa de conocer. Abrimos la valla por donde había sido cortada y caminamos hasta la mina. Por un momento nos sentimos como si estuviéramos solos. Era tan grande que los cientos de manifestantes parecían hormigas esparcidas en pequeños grupos y perdidas unas de otras.

Sentí que ver la tierra totalmente talada en lugar de naturaleza con este grupo de desconocidos exigía algo más que un incómodo parloteo. Después de hablarlo, decidimos señalar el momento haciéndonos mutuamente una promesa. La he hecho cientos de veces a cientos de personas desde entonces. Y cada vez la hago más convencida. Te animo a que realices este pequeño ritual ya mismo con alguien que amas. Una vez que lo hayáis hablado, te recomiendo que lo incorpores a tu vida como una especie de juramento.

Para hacerlo solo necesitas estas palabras (o palabras similares que puedes escribir tú mismo).

Mira a los ojos de la persona a la que estás realizando la promesa y di cada frase, dejando que la repita. Di estas palabras en voz alta ahora mismo:

Prometo
que puedes contar conmigo,
que lucharé por ti,
por el planeta,
y por nuestro futuro,
siempre que pueda.

Podemos crear un futuro más allá de los límites de nuestra imaginación. Podemos responder a nuestros anhelos y dar forma a los años venideros. Podemos reconectarnos con el poder de la naturaleza y sanar las formas en que fuimos separados de ella. Podemos hacer todas estas cosas, pero aun así el futuro seguirá siendo el mayor interrogante de nuestro tiempo. Nuestros peores temores y nuestras más optimistas fantasías no se parecerán en nada a lo que la realidad nos depare.

Puede que las infraestructuras de las que disponemos no aguanten la devastación climática. Ya hay muchos sistemas de gobernanza que parecen hacer aguas ante las demandas de crisis presentes y futuras. Más impactos climáticos generarán nuevas presiones sobre todos nosotros. Habrá tantos caminos para salir del paso como personas en este planeta: ¿por qué camino quieres ir tú?

No podemos hacerlo todo, pero podemos empezar a esbozar planes. Decidimos dar uno o dos pasos hacia adelante y, como no estamos sobrepasados, realizamos algunos progresos. La resiliencia es un principio fundacional, y hace que tengamos el valor de ser más sofisticados a la hora de priorizar la alegría y el asombro en nuestras vidas. Nadie nos va a salvar. El mundo es demasiado grande y complejo para ello. En su lugar, todos podemos ser superhéroes, personas a las que de aquí a siete generaciones se recuerde con gratitud.

Camina con cuidado en el presente y sé parte de la naturaleza con los demás.

Recursos

Lee

Todo sobre el amor: nuevas perspectivas
— bell hooks

Una trenza de hierba sagrada: Sabiduría indígena, conocimiento científico y la enseñanza de plantas
— Robin Wall Kimmerer

Devotions: The Selected Poetry of Mary Oliver
— Mary Oliver

Emergent Strategy: Shaping Change, Changing Worlds
— adrienne maree brown

Esperanza en la oscuridad: la historia jamás contada del poder de la gente
— Rebecca Solnit

The Overstory
— Richard Powers

How We Show Up: Reclaiming Family, Friendship and Community
— Mia Birdsong

La parábola del sembrador
— Octavia E. Butler

La parábola de los talentos
— Octavia E. Butler

Pleasure Activism: The Politics of Feeling Good
— adrienne maree brown

Wilding: The Return of Nature to a British Farm
— Isabella Tree

Your Silence Will Not Protect You: Essays and Poems
— Audre Lorde

Escucha

How to Survive the End of the World
Un podcast de Autumn Brown
y adrienne maree brown
endoftheworldshow.org

Finding Our Way
Un podcast de Prentis
Hemphill
prentishemphill.com

Come September
Una charla de Arundhati Roy
en YouTube

Sigue

@adriennemareebrown
@chicksforclimate
@decolonizeunconference
@earthrise.studio
@futureearth
@heymothership
@intelligentmischief
@mikaelaloach
@ninagualinga
@pattiegonia
@prentishemphill

Sobre la autora

Desde el día en que desplegó las pancartas contra la tercera pista del aeropuerto de Heathrow en la azotea del Parlamento, Tamsin ha marcado de manera habitual el ritmo del debate público sobre la emergencia climática y ecológica.

Ha organizado (y ha sido arrestada por) una serie de protestas de alto perfil, cofundado un grupo medioambientalista inspirado en las sufragistas llamado Climate Rush y formado el partido político The Commons. Ha coordinado la (exitosa) coalición Save England's Forests, fundado una CCI —The Momentum Project— que moviliza a la comunidad que rodea el Aeropuerto de la Ciudad de Londres, dirigido campañas corporativas globales como jefa de Campañas Globales en Lush Cosmetics y es miembro fundadora de Extinction Rebellion. En la actualidad se están organizando con Mothership (@heymothership).

Tamsin también es parte del movimiento *queer*, autora de teatro, ha colaborado en *The Book of Queer Prophets* (HarperCollins, 2020) y es autora de *RUSH! The making of a climate activist* (Marion Boyars, 2009). Vive en Londres.

Tamsin atribuye gran parte del saber contenido en este libro a las organizaciones feministas negras y donará el 50 % de los ingresos de *Tierra* a proyectos comunitarios liderados por personas negras que defienden valores antirracistas y feministas.

Si quieres ponerte en contacto con Tamsin, puedes hacerlo a través de Instagram: @tamsinomond

Agradecimientos

Gracias a todas las personas que han jugado un papel en la creación de este libro. A los muchos maestros de los que he aprendido, gracias.

Gratitud pública a aquellos que han hecho posible este libro:

A Melissa, mi esposa, que me muestra un mundo que es liviano, amplio, confiado y lleno de alegría.

A Miranda, que llamó a este libro a la existencia (y luego lo respaldó, igual que a mí, de manera brillante mientras se hacía realidad).

A Laetitia, que me animó a que volviera a escribir.

A Alicia, cuyas fotografías han hecho este libro tan hermoso.

A Shelley, mi constante Yoda, guía y amiga.

A Christina y Florence y lo que hemos aprendido sobre el amor incondicional.

A la magia de la autoeducación intencional del club de lectura: Alice, Clare, Fay, Kay y Jo.

A Alice HB por ser una compañera.

A Jessie, sobre todo esta vez, por presentarme a adrienne maree brown y Mia Birdsong.

A Zafira, Nneka y Dani, que son la familia elegida.

A Amina, que lleva la fiesta a la organización comunitaria.

A Achala, Alice, Amina, Arizona, Caroline, Christiana, Clare, Daisy, Ed, Fay, Jack y Jenny —en este contexto concreto—, por ser mis primeras lectoras y por sus preciosas palabras de apoyo.

A las Leonas.

A las habitaciones anónimas.

Y a mi familia.

Índice analítico

Libros en esta colección

Pausa
Robert Poynton

Storytelling
Bobette Buster

Diseña
Alan Moore

Respira
Michael Townsend Williams

Tierra
Tamsin Omond